# THÉORIE

# DES SÉRIES.

PARIS. — IMPRIMERIE DE MALLET-BACHELIER,
rue de Seine-Saint-Germain, 10, près l'Institut.

# THÉORIE

# DES SÉRIES,

CONTENANT

1° LES RÈGLES DE CONVERGENCE ET LES PROPRIÉTÉS FONDAMENTALES DES SÉRIES,

2° L'ÉTUDE ET LA SOMMATION DE QUELQUES SÉRIES,

3° QUELQUES APPLICATIONS DE LA THÉORIE DES SÉRIES AU CALCUL DES EXPRESSIONS TRANSCENDANTES;

## Par M. H. LAURENT,

OFFICIER DU GÉNIE, ANCIEN ÉLÈVE DE L'ÉCOLE POLYTECHNIQUE.

Ouvrage destiné aux Candidats des Écoles Polytechnique et Normale, et aux personnes qui désirent suivre les Cours des Facultés des Sciences

## PARIS,

MALLET-BACHELIER, IMPRIMEUR-LIBRAIRE
DE L'ÉCOLE IMPÉRIALE POLYTECHNIQUE, DU BUREAU DES LONGITUDES.
Quai des Augustins, 55.

1862.

# PRÉFACE.

La découverte des Séries remonte à la plus haute antiquité, et le premier qui sut compter imagina la première Série; mais Archimède, qui a fait usage de la sommation des progressions géométriques dans l'évaluation du volume du tétraèdre, paraît être le premier qui ait montré du doigt tout le fruit que l'on pouvait recueillir de l'étude approfondie des Séries.

Ce qui paraîtra surprenant, c'est que la Théorie des Séries, une des plus intéressantes et sans contredit une des plus utiles de l'Analyse, ait été si mal étudiée et si peu comprise de ceux-là mêmes qui en ont été pour ainsi dire les fondateurs.

Le calcul algébrique une fois établi par Viète, on se trouvait naturellement conduit par la division des polynômes aux Séries récurrentes; le calcul des différences finies conduisait tout aussi naturellement Stirling à imaginer cette fameuse Série improprement appelée Série de Taylor; enfin Newton. Leibnitz, Euler, les Bernoulli, ne pouvant réduire les transcendantes à des formes calculables par les procédés de l'Arithmétique, se voyaient obligés de développer ces transcendantes en Séries, qu'ils s'efforçaient de rendre aussi convergentes que possible. Les résultats auxquels ils sont arrivés sont d'une élégance remarquable, mais alors la Théorie des Séries, comme celle des quantités imaginaires, ne présentait aucune solidité. Les Séries convergentes comme les Séries divergentes étaient soumises, sans aucune réserve, aux mêmes calculs que les polynômes. On arrivait le plus souvent à des résultats exacts, mais quelquefois aussi bien absurdes. Je citerai, par exemple, les valeurs que l'on a trouvées de la Série divergente $+1-1+1-1\ldots$ et des Séries hypergéométriques. En un mot la Théorie des Séries était encore il n'y a pas cinquante ans un véritable chaos. Le génie seul de Cauchy parvint à lui donner une base solide. Ce grand géomètre fit ce que ni les Newton, ni les Euler, ni les Leibnitz, ni les Bernoulli, ni les Lagrange, n'avaient pu faire. Il mit de la rigueur dans l'étude des Séries. On raconte même à ce sujet que Laplace écoutant la lecture du premier Mémoire de Cauchy sur les Séries, frappé de la justesse des idées émises par ce géomètre, rentra effrayé chez lui, d'où il n'osa sortir qu'après avoir soigneusement vérifié la convergence de toutes les Séries qu'il avait employées dans sa *Mécanique céleste*.

L'impulsion une fois donnée, on s'efforça de compléter l'œuvre de Cauchy; mais les difficultés surgissent à chaque pas dans cette branche de l'analyse, qui est encore dans son enfance. Sans parler des nombreuses applications qui restent encore à faire de la Théorie des Séries aux calculs d'approximation, il y aurait encore à rechercher si les Séries ne pourraient pas remplacer avantageusement dans le calcul algébrique les fonctions qu'elles peuvent représenter. Si enfin (je vais peut-être un peu loin) les Séries divergentes ne pourraient pas elles-mêmes devenir entre les mains de l'analyste un instrument précieux. Les Séries divergentes n'ont-elles pas souvent conduit Euler, Newton, etc., à des résultats exacts? Ne pourraient-elles pas, sauf dans certains cas exceptionnels, être soumises aux mêmes calculs que les Séries convergentes?

Je m'explique : Ne pourrait-on pas convenir de représenter par exemple $\dfrac{1}{1-x}$, quel que soit $x$, par le symbole $1 + x + x^2 + x^3 + \ldots$, absolument comme on représente $\sin x$ par le symbole $\dfrac{e^{x\sqrt{-1}} - e^{-x\sqrt{-1}}}{2\sqrt{-1}}$, sans attacher plus de sens au signe $+$ dans la série précédente qu'au signe $\sqrt{-1}$ dans l'expression $\dfrac{e^{x\sqrt{-1}} - e^{-x\sqrt{-1}}}{2\sqrt{-1}}$, pourvu que l'on parvienne, en adoptant cette convention, à montrer que le symbole dont on fait usage peut être soumis au même calcul, que $x$ soit plus petit ou plus grand que $1$? C'est ce qu'il resterait à éclaircir.

Espérons que nous connaîtrons bientôt le dernier mot de la science sur ce point.

Dans l'ouvrage que j'ai l'honneur de présenter au public, je me suis efforcé de réunir les théorèmes fondamentaux de la Théorie des Séries avec quelques applications élémentaires. J'ai évité l'emploi du Calcul différentiel et intégral, qui aurait empêché cet opuscule d'accomplir la tâche que je m'étais imposée, puisqu'il est destiné aux élèves de Mathématiques spéciales des Lycées. Je m'estimerai heureux si j'ai pu me faire comprendre de mes lecteurs, et mon but sera atteint si je suis parvenu à leur donner une idée exacte de ce que c'est qu'une Série, en quoi ces expressions diffèrent des Polynômes algébriques et quelle peut être l'utilité de leur emploi.

# THÉORIE

# DES SÉRIES.

DÉFINITIONS ET NOTIONS PRÉLIMINAIRES.

1. On appelle *série* une suite *illimitée* de termes qui *se suivent* et *se forment* d'après une loi déterminée.

On dit qu'une série est *convergente,* quand la somme de ses $n$ premiers termes tend vers une limite finie lorsque $n$ augmente indéfiniment, en suivant du reste une loi quelconque. Cette limite est ce que l'on appelle la *valeur* de la série ou encore la *somme de ses termes.*

On dit qu'une série est *divergente,* quand la somme de ses $n$ premiers termes ne tend vers aucune limite lorsque $n$ augmente indéfiniment, ce qui peut tenir à deux causes :

1° La somme des termes en question croît indéfiniment, comme dans la série

$$1 + 2 + 3 + 4 + 5 + \ldots;$$

2° La somme des termes prend une forme indéterminée, comme dans cette autre série

$$1 - 1 + 1 - 1 + 1 - 1 + 1 - 1 + \ldots,$$

dans laquelle la somme des $n$ premiers termes est alternativement $1, 0, 1, 0, \ldots$ On comprend actuellement pourquoi, dans la définition des séries convergentes, j'ai ajouté que $n$ devait suivre une loi quelconque, car dans la série que je viens de considérer, lorsque $n$ est pair ou impair, la somme des termes tend dans l'un et l'autre cas vers des limites déterminées o et 1.

On se rend difficilement compte de cette erreur, qui jusqu'à Cauchy a régné dans l'esprit des géomètres les plus éminents, et qui leur faisait considérer les séries divergentes comme capables de représenter une quantité déterminée. Ainsi lorsque l'on ouvre les écrits des auteurs de ces derniers siècles, on les voit attribuer avec une audace remarquable des valeurs telles que $\frac{1}{2}$ à la série $+ 1 - 1 + 1 - 1 \ldots$. Leibnitz, pour le démontrer, considère la progression

$$1 - x + x^2 - x^3 + \ldots,$$

dans laquelle la limite de la somme des termes pour $x < 1$ est $\dfrac{1}{1+x}$; il écrit en conséquence

$$(1) \qquad \frac{1}{1+x} = 1 - x + x^2 - x^3 + \ldots,$$

puis, faisant $x = 1$, il trouve

$$\frac{1}{2} = 1 - 1 + 1 - 1 + \ldots.$$

Ce résultat, d'une absurdité évidente, se présente d'une façon si simple, que l'illustre géomètre n'a pas hésité à l'admettre comme un résultat curieux, mais exact. L'erreur dans laquelle Leibnitz est tombé tient à ce qu'il n'a pas tenu compte dans la formule (1) du reste de la division de 1 par $1 + x$; la formule exacte serait

$$\frac{1}{1+x} = 1 - x + x^2 - \ldots \pm \frac{x^n}{1+x}.$$

Si alors on fait $x = 1$, il vient

$$\frac{1}{2} = 1 - 1 + 1 - 1 + \ldots \mp 1 \pm \frac{1}{2} \cdot$$

Le reste ne tend pas vers zéro : il n'est pas permis d'écrire

$$\frac{1}{2} = \lim + 1 - 1 + 1 - 1 + \ldots$$

Euler (*Introduction à l'Analyse des infiniment petits*), Lacroix (*Traité du Calcul différentiel et intégral*) reproduisent hardiment l'erreur de Leibnitz. Enfin Poisson (*Journal de l'École Polytechnique*), par d'autres procédés, trouve d'autres sommes très-différentes pour la même série :

$$+ 1 - 1 + 1 - 1 + \ldots$$

Mais déjà du temps de Poisson les idées sont devenues plus nettes ; pour lui la série $+ 1 - 1 + \ldots$ n'a plus de sens qu'en sous-entendant certains coefficients devant les différents termes, coefficients qu'il suppose, dit-il, *infiniment voisins de l'unité*. Il était réservé à Cauchy de lever le voile qui obscurcissait la théorie des séries, sans contredit l'une des plus belles de l'analyse, tant par la symétrie qu'elle amène dans les calculs, que par les simplifications qu'elle introduit dans l'étude des fonctions transcendantes.

Lacroix, qui n'était pas au courant de toutes les ressources que peut actuellement fournir à un calculateur exercé la théorie des séries, écrit dans ses *Compléments des Éléments d'Algèbre* :

« ..... La théorie des suites est une des branches les plus importantes et les plus étendues de l'analyse ; elle réunit les parties élémentaires aux parties transcendantes ; mais c'est principalement dans celles-ci qu'elle est d'une application plus fréquente. Elle leur doit ses principaux accroissements ; rien n'est donc plus inconvenant que de la morceler ainsi qu'on le fait partout.... »

Nous nous efforcerons donc de ne la point morceler, et nous insisterons surtout sur les principes de cette théorie, l'une des plus délicates qui existent. Ces premiers principes une fois étudiés avec persévérance et avec minutie, le reste ne sera plus qu'une affaire d'application facile, mais féconde en résultats heureux, et d'une simplicité inespérée.

## THÉORÈMES SUR LA CONVERGENCE.

2. THÉORÈME I. — *Pour qu'une série soit convergente, il faut que ses termes diminuent indéfiniment.*

En effet, soit la série

$$u_0 + u_1 + u_2 + u_3 + \ldots + u_n + \ldots$$

Soit en général $s_n$ la somme des $n$ premiers termes, on a

$$(1) \qquad s_{n+1} - s_n = u_n.$$

Si la série proposée doit être convergente et avoir pour somme $s$, on a par définition même de la convergence

$$\lim s_{n+1} = s,$$
$$\lim s_n = s ;$$

donc

$$\lim s_{n+1} - \lim s_n = \lim (s_{n+1} - s_n) = 0.$$

Donc, en vertu de l'équation (1),

$$\lim u_n = 0.$$

*Remarque I.* — La démonstration que nous venons d'employer, comme du reste toutes celles que nous emploierons dans l'exposition de ces principes, est basée sur le calcul des limites; elle précise le sens que nous devons attribuer à la locution *diminuer indéfiniment*. Quand nous disons que $u_n$ doit diminuer indéfiniment, nous devons entendre par là que cette quantité doit avoir zéro pour limite, rien de plus : ainsi $u_n$ peut tendre comme on veut vers zéro; il n'est nullement nécessaire, par exemple, que l'on ait $u_n > u_{n+1} > u_{n+2} > \ldots$

*Remarque II.* — On aurait également pu écrire les équations suivantes :

$$\lim s_{n+p} = s,$$
$$\lim s_n = s,$$

d'où, retranchant la deuxième de la première,

$$\lim u_n + u_{n+1} + u_{n+2} + \ldots + u_{n+p-1} = 0,$$

ce qui conduit à ce résultat :

*Pour qu'une série soit convergente, il faut que la somme des $p$ termes qui suivent le $n^{ième}$ diminue indéfiniment quand $n$ augmente indéfiniment, quel que soit du reste $p$.*

Quelques auteurs pensent que cette condition nécessaire est suffisante pour la convergence des séries; mais leur démonstration (lorsqu'ils ne sous-entendent pas l'énoncé et la démonstration de cette réciproque) n'est pas très-claire; elle pèche en un point délicat. Le voici :

Par hypothèse $s_{n+p} - s_n$ tend vers zéro; ils en concluent que, en désignant par $\varepsilon$ la valeur absolue de cette différence, la somme des termes est comprise entre $s_n + \varepsilon$ et $s_n - \varepsilon$, et que, $\varepsilon$ tendant vers zéro, elle est comprise entre deux quantités infiniment peu différentes l'une de l'autre, que par conséquent la somme des termes est finie. Mais $s_n$ étant une quantité essentiellement variable, et pour laquelle on ignore l'existence d'une limite, on ne

peut pas dire qu'une quantité comprise entre $s_n + \varepsilon$ et
$s_n - \varepsilon$ ait une limite. Tout ce que l'on peut affirmer, c'est
que $s_n$ ne croît pas indéfiniment; mais dans la série divergente

$$+ 1 - 1 + 1 - 1 + \ldots,$$

$s_n$ ne croît pas indéfiniment.

Ce point délicat n'a pas échappé à M. Catalan, qui est
allé jusqu'à nier la justesse du théorème qui nous occupe.
Sans oser partager son opinion, je laisserai de côté ce
théorème, qui n'est nullement indispensable dans la théorie des séries. Toutefois je citerai un exemple donné par
M. Catalan où le théorème semble tomber en défaut : je
veux parler de la série

$$\frac{1}{2\,l\,2} + \frac{1}{3\,l\,3} + \frac{1}{4\,l\,4} + \ldots + \frac{1}{n\,l\,n} + \ldots$$

Nous donnerons plus loin des moyens de reconnaître la
divergence de cette série; néanmoins la somme d'un nombre $p$ aussi grand que l'on veut après le $n^{ième}$ peut avoir
zéro pour limite : en effet, si l'on prend $n$ assez grand
pour qu'il puisse égaler $p$, on a

$$\frac{1}{p\,l\,p} + \frac{1}{(p+1)\,l\,(p+1)} + \ldots + \frac{1}{(2p-1)\,l\,(2p-1)} < \frac{1}{p\,l\,p}$$
$$+ \frac{1}{p\,l\,p} + \ldots + \frac{1}{p\,l\,p}$$

ou

$$< \frac{p}{p\,l\,p} \quad \text{ou} \quad < \frac{1}{l\,p}.$$

Donc $\dfrac{1}{p\,l\,p} + \ldots + \dfrac{1}{(2p-1)\,l\,(2p-1)}$ tend vers zéro, ce
qui, d'après M. Catalan, infirme le théorème. A cela on
a répondu que $p$ pouvait être pris égal au carré de $n$ et
qu'alors le théorème n'était plus infirmé par l'exemple

précédent, car le raisonnement que nous venons de faire n'est plus applicable. Laissons donc de côté cette discussion, qui nous entraînerait trop loin. Marchons droit à notre but et tournons l'obstacle, qu'il serait trop difficile de renverser.

*Remarque III.* — Il existe des séries dans lesquelles $u_n$ peut tendre vers o sans que la série à laquelle appartient ce terme soit convergente, et par exemple considérons la série suivante, appelée série *harmonique* :

$$1 + \frac{1}{2} + \frac{1}{3} + \frac{1}{4} + \frac{1}{5} + \ldots + \frac{1}{n} + \frac{1}{n+1} \ldots$$

Il est facile de s'assurer que cette série est divergente, car si l'on prend $n$ termes après le $n^{ième}$, la somme

$$\frac{1}{n+1} + \frac{1}{n+2} + \ldots + \frac{1}{2n}$$

est plus grande que $\frac{1}{2n}$ répété $n$ fois, c'est-à-dire que $\frac{1}{2}$ Si donc on groupe les termes de la série harmonique ainsi qu'il suit :

$$1 + \frac{1}{2} + \left( \frac{1}{3} + \frac{1}{4} \right) + \left( \frac{1}{5} + \frac{1}{6} + \frac{1}{7} + \frac{1}{8} \right) + \ldots$$

$$+ \left( \frac{1}{n+1} \right) + \frac{1}{n+2} + \ldots + \frac{1}{2n},$$

on aura une infinité de groupes plus grands que $\frac{1}{2}$. Donc la valeur de la série *harmonique* est la limite d'un nombre qui croît indéfiniment, ce qui veut dire que cette série est divergente.

3. Il arrive souvent que l'on rend une série convergente par un simple changement des signes de quelques

uns de ses termes. Ainsi la série

$$1 - \frac{1}{2} + \frac{1}{3} - \frac{1}{4} + \cdots \pm \frac{1}{n} \mp \frac{1}{n+1} \cdots$$

est convergente. En général :

**Théorème II.** — *Si dans une série les termes sont, à partir d'un certain terme, indéfiniment décroissants et alternativement positifs et négatifs, cette série est convergente.*

En effet, considérons la série

$$u_1 + u_2 + \ldots + u_n - u_{n+1} + u_{n+2} - \ldots \pm u_{n+p} \mp u_{n+p+1} \pm \ldots,$$

dans laquelle les termes sont indéfiniment décroissants et alternativement positifs et négatifs à partir du terme $u_n$.

Appelons en général $S_m$ la somme des $m$ premiers termes de la série. Si nous remarquons que les termes vont constamment en diminuant, les quantités

$$u_n - u_{n+1}, \quad u_{n+2} - u_{n+3}, \ldots, \quad u_{n+2p} - u_{n+2p+1},$$

seront toutes positives et par conséquent

$$(1) \qquad S_{n+1} < S_{n+3} < S_{n+5} < \ldots < S_{n+2p+1} \ldots;$$

les quantités $- u_{n+1} + u_{n+2}, \ldots, - u_{n+2p-1} + u_{n+2p} \ldots,$ seront toutes négatives, et par suite

$$(2) \qquad S_{n+2} > S_{n+4} > S_{n+6} > \ldots > S_{n+2p} > \ldots$$

Or

$$S_{n+2p} = S_{n+2p-1} + u_{n+2p}.$$

Donc $S_{n+2p}$ est plus grand que $S_{n+2p-1}$ et par suite, à cause de la suite d'inégalités (1), plus grand que $S_{n+1}$. Ainsi donc une somme quelconque comprise dans la suite $S_{n+2}$, $S_{n+4}$, $S_{n+6}, \ldots$, est plus grande que $S_{n+1}$, il en résulte que ces

sommes allant constamment en décroissant et restant su-
périeures à $S_{n+1}$ qui est fixe, ont une limite S. Or on a

$$S_{n+2p} - u_{n+2p+1} = S_{n+2p+1}.$$

Si nous supposons $p$ très-grand, le premier membre a
pour limite S, car $u_{n+2p+1}$ a pour limite o ; donc $S_{n+2p+1}$
a pour limite S également; donc enfin, de quelque manière que croisse l'entier $m$, $S_m$ a une limite; donc enfin
la série proposée est convergente.

Ce théorème est un cas particulier de cet autre, beaucoup plus général :

4. THÉORÈME III. — *Si $r_0$, $r_1$, $r_2$,..., $r_n$ sont des nombres indéfiniment décroissants, et si $\theta$ est un arc différent de
$2\pi$ ou d'un multiple de $2\pi$, les séries*

(1)     $r_0 + r_1 \cos\theta + r_2 \cos 2\theta + \ldots + r_n \cos n\theta + \ldots,$

(2)     $r_1 \sin\theta + r_2 \sin 2\theta + r_3 \sin 3\theta + \ldots + r_n \sin\theta \ldots,$

*sont convergentes.*

Pour le démontrer, traçons un axe OX et plaçons bout

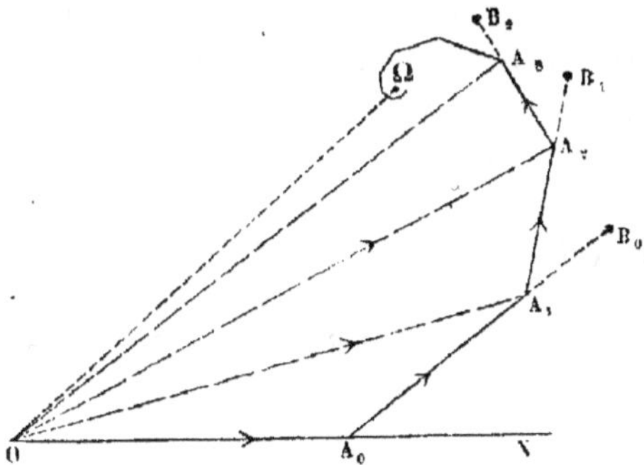

à bout des droites $OA_0$, $A_0 A_1$, $A_1 A_2$,..., respectivement égales à $r_0, r_1, r_2, \ldots, r_n, \ldots$ et faisant avec l'axe

OX des angles égaux à $0$, $\theta$, $2\theta$, $3\theta$, .... Prolongeons $A_0 A_1$ d'une quantité $A_1 B_0$ qui le rende égal à $OA_0$; prolongeons de même $A_1 A_2$ d'une quantité $A_2 B_1$ qui le rende égal à $A_0 A_1$, et ainsi de suite... Par les points O, $A_0$, $B_0$ faisons passer un cercle, de même par les points $A_0$, $A_1$, $B_1$, et ainsi de suite. 1° Ces cercles ont des rayons décroissants, car ils sont circonscrits à des triangles semblables $O A_0 B_0$, $A_0 A_1 B_1$, ..., toujours décroissants.

2° Le second cercle est intérieur au premier. En effet, les centres de ces deux cercles se trouvent sur la bissectrice de l'angle $A_0$, et ils passent tous deux par le point $A_0$; ils sont donc tangents en $A_0$ et ont leurs centres d'un même côté de ce point sur la bissectrice de $A_0$; comme le second a le plus petit rayon, c'est lui qui est intérieur. On verrait de même que le troisième cercle est intérieur au deuxième, et ainsi de suite.

Or le $n^{\text{ième}}$ cercle peut être pris moindre que toute surface donnée; donc les centres des cercles qui suivent le $n^{\text{ième}}$, restant intérieurs à ce cercle, se trouvent ainsi compris dans un espace qui pourra être de plus en plus resserré, sans jamais se trouver à une distance infinie de O, puisqu'ils resteront intérieurs au premier cercle, et par suite ils auront une position limite $\Omega$. Or le point $A_n$ est intérieur au $n^{\text{ième}}$ cercle. Donc ce point a également pour limite le point $\Omega$; si l'on projette sur OX et sur une perpendiculaire à OX le contour $A_0$, $A_1$, $A_2$, $A_3$, ..., on obtient alors

$$\lim OA_n \cos\overline{OA_n, OX} = O\Omega \cos\overline{O\Omega, OX}$$
$$= \lim\left(r_0 + r_1 \cos\theta + r_2 \cos 2\theta + \ldots + r_n \cos n\theta\right),$$
$$\lim OA_n \sin\overline{OA_n, OX} = O\Omega \sin\overline{O\Omega}.OX$$
$$= \lim\left(r_1 \sin\theta + r_2 \sin 2\theta + \ldots + r_n \sin n\theta\right),$$

ce qui démontre la convergence des séries (1) et (2).

Dans cette démonstration, nous avons supposé implicitement $\theta$ différent d'un multiple de $\pi$, sans quoi les cercles que nous avons considérés eussent été infinis, et notre démonstration serait tombée en défaut. Dans le cas où $\theta = \overline{2\,n+1}\,\pi$, nous rentrons dans le théorème précédent; mais dans le cas où $\theta = 2\,n\,\pi$, on ne peut rien affirmer.

5. Théorème IV. — *Quand une série à termes positifs a ses termes respectivement plus petits que ceux d'une autre série également à termes positifs, et de plus convergente, la première série est aussi convergente.*

Soit, en effet,

$$(1) \qquad s = u_0 + u_1 + u_2 + \ldots + u_n + \ldots,$$

la série convergente donnée (on représente ordinairement une série convergente en séparant la somme d'un certain nombre de termes de sa valeur par le signe $=$, on supprime le mot *lim*), et

$$(2) \qquad v_0 + v_1 + v_2 + \ldots + v_n + \ldots$$

la série proposée. Soit $s_n$ la somme des $n$ premiers termes de la série (1), $t_n$ la somme des $n$ premiers termes de la série (2); comme $v_0 < u_0$, $v_1 < u_1, \ldots, v_n < u_n$, on a évidemment

$$t_n < s_n,$$

donc *à fortiori*

$$t_n < s.$$

Or, $n$ croissant, $t_n$ croît, mais $t_n$ reste constamment inférieur à $s$; donc, en vertu d'un principe sur les limites, $t_n$ a une limite; donc la série (2) est convergente. Ce qu'il fallait démontrer.

*Remarque.* — Si la condition de l'énoncé, à savoir que $v_0 < u_0, \ldots, v_n < u_n, \ldots$, ne se trouvait remplie qu'à partir de termes tels que $u_p$ et $v_p$, la série (2) n'en serait pas moins convergente, car on rentrerait dans le cas précédent en considérant les séries

$$(3) \qquad u_p + u_{p+1} + \ldots = s - (u_0 + \ldots + u_{p-1}),$$

$$(4) \qquad v_p + v_{p+1} + \ldots = t - (v_0 + \ldots + v_{p-1}).$$

Alors la série (4) étant convergente, il s'ensuit que $v_p + v_{p+1} + \ldots + v_n$, a une limite pour $n = \infty$, et, par suite, $v_0 + v_1 + \ldots + v_n$ a également une limite; donc la série (2) est convergente.

6. **Théorème V.** — *Une série à termes positifs et négatifs est convergente lorsque la série des valeurs absolues de ses termes est convergente.*

En effet, considérons à part les séries des termes positifs et des termes négatifs pris dans l'ordre dans lequel ils se succèdent dans la série proposée.
Soit

$$(1) \qquad a_0 + a_1 + a_2 + \ldots + a_i + \ldots$$

la série des termes positifs, et

$$(2) \qquad b_0 + b_1 + \ldots + b_k + \ldots,$$

celle des termes négatifs pris chacun en valeur absolue.

Soit $x_i$ la somme des $i$ premiers termes de la série (1), $y_k$ la somme des $k$ premiers termes de la série (2), et $s_n$ la somme des $n$ premiers termes de la série proposée. Nous pouvons toujours supposer que $a_0, a_1, \ldots, a_i$, soient les termes positifs de $s_n$ et $b_0, b_1, \ldots, b_k$ les termes négatifs; alors on a, en appelant $s'_n$ la somme des $n$ premiers termes de la série proposée rendus positifs,

$$(3) \qquad s'_n = x_i + y_k,$$

$$(4) \qquad s_n = x_i - y_k,$$

L'équation (3) montre que $s'_n$ est plus grand que $x_i$ et que $y_k$ ; donc *à fortiori* la limite de $s'_n$, qui par hypothèse existe, est supérieure à $x_i$ et à $y_k$. Or $x_i$ et $y_k$ sont des nombres croissant avec $i$ et $k$, mais constamment inférieurs à la limite de $s'_n$; donc ils ont une limite chacun ; donc les séries (1) et (2) sont convergentes. L'équation (4) montre que $s_n$ a une limite égale à la différence des limites de $x_i$ et $y_k$, c'est-à-dire que la série proposée est convergente et a une valeur égale à la différence des valeurs des séries de ses termes positifs et de ses termes négatifs.

Corollaire. — Du théorème III et du théorème IV résulte que si une série à termes positifs et négatifs a ses termes respectivement plus petits en valeur absolue que ceux d'une série convergente à termes positifs, elle est elle-même convergente, car alors, en rendant ses termes positifs, on a en vertu du théorème III une série convergente. Il est inutile de faire remarquer que cette loi n'a pas besoin de se manifester dès le premier terme de la série.

7. Théorème VI. — *Quand une série ne perd pas sa convergence lorsque l'on rend tous ses termes positifs, on peut, sans altérer sa valeur, intervertir l'ordre de ses termes.*

En effet, considérons d'abord une série convergente à termes positifs

$$(1) \qquad s = u_0 + u_1 + u_2 + \ldots + u_m + \ldots$$

Intervertissons l'ordre de ses termes, et soit

$$(2) \qquad v_0 + v_1 + \ldots + v_n + \ldots,$$

la nouvelle série obtenue après ce changement. Soit $s'_n$ la somme des $n$ premiers termes de la série (2), $s_m$ la somme dès $m$ premiers termes de la série proposée ; on pourra toujours choisir $m$ de telle sorte que tous les termes de $s'_n$ soient contenus dans les $m$ premiers termes de la série (1). On aura alors

$$s'_n \leqq s_m, \quad \text{et} \quad s'_n < \lim s_m \quad \text{ou} \quad < s.$$

Nous voyons par là :

1° Que la série (2) est convergente, puisque $s'_n$ croît avec $n$ sans dépasser $s$ ;

2° Que la valeur $s' = \lim s'_n$ de la série (2) ne saurait surpasser $s$. Or on démontrerait de la même manière que la valeur $s$ de la série (1) ne saurait surpasser $s'$ ; donc on doit avoir

$$s = s',$$

donc la série (1) n'a pas changé de valeur. Ce qu'il fallait démontrer.

Supposons actuellement la série

$$(1) \qquad s = u_0 + u_1 + u_2 + \ldots + u_n + \ldots,$$

à termes quelconques.

Soit

$$(3) \qquad a_0 + a_1 + a_2 + \ldots + a_i + \ldots$$

la série de ses termes positifs, pris dans le même ordre que dans la série (1),

$$(4) \qquad b_0 + b_1 + \ldots + b_k + \ldots$$

la série de ses termes négatifs également pris dans l'ordre où ils se trouvent dans l'équation (1). Supposons que la série (1) conserve sa convergence quand on rend ses termes positifs. Le théorème IV nous apprend que les

séries (3) et (4) sont convergentes, et que si $x$ et $y$ dési-
gnent les valeurs respectives de ces séries, on a

$$(5) \qquad\qquad s = x - y.$$

Cela posé, changeons l'ordre des termes de la série (1);
la série de ses termes positifs sera encore la série (3), à
l'ordre des termes près. Or cette série est à termes positifs ;
donc elle conserve sa valeur. Même observation pour la
série des termes négatifs, et pour la série des valeurs absolues des termes de la série (1). Il en résulte, d'après le
théorème IV, que la valeur de la série (1) transformée est
encore $x - y$ ; donc la série (1) ne change pas de valeur
quand on change l'ordre de ses termes. Ce qu'il fallait
démontrer.

*Remarque.* — Toute cette démonstration repose sur
l'égalité (5); lors donc que $x$ ou $y$ n'existeront pas, c'est-
à-dire quand la série proposée ne jouira pas de la propriété d'avoir les séries de ses termes positifs et négatifs
convergentes, la démonstration précédente tombera en
défaut. Il est facile, du reste, de donner un exemple dans
lequel on voit une série changer de valeur quand on
change l'ordre de ses termes.

Considérons, par exemple, la série convergente
(*voir* n° 3) :

$$(1) \qquad \frac{1}{1} - \frac{1}{2} + \frac{1}{3} - \frac{1}{4} + \frac{1}{5} - \ldots \pm \frac{1}{n} \mp \frac{1}{n+1} \pm \ldots$$

Remarquons que la série des valeurs absolues de ses
termes est identique avec la série harmonique qui est
divergente.

Posons

$$f(n) = \frac{1}{1} - \frac{1}{2} + \frac{1}{3} - \ldots - \frac{1}{2n},$$

et considérons la série

$$(2) \quad \frac{1}{1} + \frac{1}{3} - \frac{1}{2} + \frac{1}{5} + \frac{1}{7} - \frac{1}{4} + \ldots + \frac{1}{4n-1} + \frac{1}{4n+1} - \frac{1}{2n} + \ldots$$

Arrêtons-nous au terme $\frac{1}{2n}$; cette série, comme on voit, renferme les mêmes termes que la série proposée; leur ordre est différent, et l'on prend d'abord deux termes positifs, puis un terme négatif, puis deux termes positifs, puis un terme négatif, etc.; nous aurons :

$$(3) \quad \left\{ \begin{aligned} &\frac{1}{1} + \frac{1}{3} - \ldots + \frac{1}{4n-1} + \frac{1}{4n+1} - \frac{1}{2n} \\ &= f(n) + \frac{1}{2n+1} + \frac{1}{2n+3} + \ldots + \frac{1}{4n+1}. \end{aligned} \right.$$

La quantité qui suit $f(n)$ composée de $n$ termes est évidemment plus grande que $n \times \frac{1}{4n+1}$ ou que $\frac{1}{4 + \frac{1}{n}}$. On a donc

$$\frac{1}{1} + \frac{1}{3} + \ldots + \frac{1}{4n-1} + \frac{1}{4n+1} - \frac{1}{2n} > f(n) + \frac{1}{4 + \frac{1}{n}}.$$

Si nous supposons que $n$ devienne infini, le premier membre de cette inégalité ou la valeur de la série (2) différera de $\lim f(n)$ ou de la valeur de la série (1) de plus de $\frac{1}{4}$; donc évidemment la série (2) a une valeur toute différente de la série (1).

En admettant la convergence de la série (1), on peut du reste constater la convergence de la série (2). L'égalité (3) donne en effet

$$(4) \begin{cases} \dfrac{1}{1}+\dfrac{1}{3}+\ldots+\dfrac{1}{4n-1}+\dfrac{1}{4n+1}-\dfrac{1}{2n} < f(n)+\dfrac{n}{2n+1} \\[2mm] \text{ou} \\[2mm] \hspace{3.5cm} < f(n)+\dfrac{1}{2+\dfrac{1}{n}}\cdot \end{cases}$$

Cela posé, prenons $n$ de plus en plus grand en l'augmentant toujours d'une unité, le premier membre croît de

$$\frac{1}{4n-1}+\frac{1}{4n+1}-\frac{1}{2n}=\frac{1}{2n-\dfrac{1}{8n}}-\frac{1}{2n}$$

qui est positif; mais il ne peut dépasser $f(n)+\dfrac{1}{2}$ ou, à fortiori, $f(\infty)+\dfrac{1}{2}$ qui est fini; donc le premier membre a une limite qui ne diffère pas de celle des deux quantités suivantes :

$$1+\frac{1}{3}-\ldots+\frac{1}{4n-1}$$

et

$$1+\frac{1}{3}-\ldots+\frac{1}{4n-1}+\frac{1}{4n+1},$$

car ces trois quantités ne diffèrent que de $\dfrac{1}{4n+1}$ ou $\dfrac{1}{4n+1}-\dfrac{1}{2n}$ qui tendent vers zéro, quand $n$ augmente indéfiniment. La limite du premier membre de l'inégalité (4) est donc bien celle de la somme des termes de la série (2), dont la convergence est ainsi démontrée.

Actuellement groupons ainsi qu'il suit les termes de (1),

$$1 - \frac{1}{2} + \frac{1}{3} - \frac{1}{4} - \frac{1}{6} + \frac{1}{5} - \frac{1}{8} - \frac{1}{10} - \frac{1}{12} - \frac{1}{14} + \ldots$$

de manière à ce que, après chaque terme de rang impair, vienne un nombre de termes de rang pair égal à la moitié du dénominateur du premier des termes de rang pair, que l'on écrit à la suite de ce terme de rang impair.

Nous pouvons considérer les groupes suivants en nombre illimité :

$$1 - \frac{1}{2}, \quad +\frac{1}{3} - \frac{1}{4} - \frac{1}{6}, \quad +\frac{1}{5} - \frac{1}{8} - \frac{1}{10} - \frac{1}{12} - \frac{1}{14}, \ldots,$$

qui se composent d'un terme positif qui finit par devenir moindre que toute quantité donnée et d'un ensemble de termes négatifs dont la somme des valeurs absolues est plus grande que $\frac{1}{4}$. Quand donc le terme positif sera, par exemple, devenu moindre que $\frac{1}{8}$, on aura dans la série une infinité de groupes négatifs plus grands que $\frac{1}{8}$ : donc la série (1), transformée ainsi qu'il vient d'être dit, devient divergente.

Si l'on veut se convaincre que l'ensemble des termes négatifs d'un groupe est plus grand que $\frac{1}{4}$, il suffit de remarquer que si le premier est $\dfrac{1}{2n+2}$, leur somme sera

$$\sum = \frac{1}{2n+2} + \ldots + \frac{1}{2n+2n}$$

$$= \frac{1}{2}\left( \frac{1}{n+1} + \ldots + \frac{1}{2n} \right);$$

on en tire

$$\Sigma > \frac{1}{2} \cdot \frac{1}{2\,n} \times n \quad \text{ou} \quad \Sigma > \frac{1}{4}.$$

Ce qu'il fallait démontrer.

8. Jusqu'ici nous n'avons guère parlé que de séries à termes réels; mais on fait un fréquent usage en analyse de séries à termes imaginaires.

Une série à termes imaginaires peut se mettre sous la forme

$$(1) \quad \begin{cases} (u_0 + v_0 \sqrt{-1}) + (u_1 + v_1 \sqrt{-1}) + (u_2 + v_2 \sqrt{-1}) + \cdots \\ \quad + (u_n + v_n \sqrt{-1}) + \cdots \end{cases}$$

Cette série sera convergente si les deux séries

$$(2) \qquad u_0 + u_1 + u_2 + \ldots + u_n + \ldots,$$

$$(3) \qquad v_0 + v_1 + v_2 + \ldots + v_n + \ldots.$$

formées des parties réelles et des coefficients de $\sqrt{-1}$ de tous ses termes, sont toutes deux convergentes.

En effet, soit $s_n$ la somme des $n$ premiers termes de la série (1), $\sigma_n$ et $\tau_n$ les sommes des $n$ premiers termes des séries (2) et (3), on a

$$s_n = \sigma_n + \tau_n \sqrt{-1}.$$

En passant aux limites et en désignant par $\sigma$ et $\tau$ les valeurs des séries (2) et (3), on voit que

$$\lim s_n = \sigma + \tau \sqrt{-1};$$

donc la série (1) est convergente. Ce qu'il fallait démontrer.

*Remarque.* — Il est clair que si l'une des séries (2) et (3) eût été divergente, la série (1) l'eût été pareillement.

9. **Théorème VII.** — Nous venons de voir que les séries qui ne perdaient pas leur convergence quand on rendait leurs termes positifs, jouissaient de la propriété remarquable de ne point changer de valeur quand on alternait leurs différents termes ; nous verrons par la suite qu'elles se distinguent encore par d'autres propriétés qui rendent leur usage plus facile que celui des autres séries à termes réels. Parmi les séries à termes imaginaires, il en est également qui se distinguent des autres par des propriétés analogues. Les séries dont il s'agit sont celles dans lesquelles les modules de leurs divers termes sont en série convergente ; ces sortes de séries sont toujours convergentes.

En effet, soit la série

$$(1) \quad \left\{ \begin{aligned} & r_0\left(\cos\theta_0 + \sqrt{-1}\,\sin\theta_0\right) + r_1\left(\cos\theta_1 + \sqrt{-1}\,\sin\theta_1\right) + \dots \\ & \quad + r_n\left(\cos\theta_n + \sqrt{-1}\,\sin\theta_n\right) + \dots, \end{aligned} \right.$$

dans laquelle les modules sont en série convergente. Les séries des termes réels et des termes imaginaires ont leurs termes respectivement plus petits que ceux de la série des modules ; donc ces séries sont convergentes ; donc enfin, en vertu du théorème § 4, la série proposée est convergente.

10. **Théorème VIII.** — *Dans une série à termes imaginaires, si la série des modules des différents termes est convergente, on peut, sans altérer sa convergence, intervertir l'ordre de ses termes.*

En effet, considérons la série ( 1 ) du numéro précédent. Les séries de ses termes réels et des coefficients de $\sqrt{-1}$ sont convergentes indépendamment des signes de leurs termes. car ceux-ci sont respectivement plus petits que ceux de la série des modules qui est à termes positifs. On

peut donc changer l'ordre des termes de ces séries sans en
altérer la valeur, ce qui revient à dire que l'on peut changer l'ordre des termes de la série proposée elle-même.
Ce qu'il fallait démontrer.

*Remarque.* — Les réciproques de ces deux théorèmes
sont fausses, ce qui est évident si les arcs $\theta_0, \theta_1, \ldots$,
sont des multiples de $\pi$.

11. THÉORÈME IX. — *On peut grouper les termes d'une
série convergente sans en changer la valeur.*

En effet, soit

$$s = u_0 + u_1 + u_2 + \ldots + u_n + \ldots$$

une série convergente, $s_n$ la somme de ses premiers termes. Soit

$$(2) \qquad v_0 + v_2 + \ldots + v_p + \ldots$$

une série obtenue en groupant dans la première série
quelques termes consécutifs; soit $t_p$ la somme de ses $p$ premiers termes. On peut toujours supposer que $n$ soit tel,
que $s_n$ contienne tous les termes qui entrent dans $t_p$, et
alors on a

$$(3) \qquad t_p = s_n;$$

donc $t_p$ a une limite $t$ qui est égale à $s$.

*Remarque I.* — La réciproque du théorème précédent est fausse : de la convergence de la série (2) il ne
faudrait pas conclure celle de la série (1). Ainsi la série

$$1 + \frac{1}{2} + \frac{1}{4} + \frac{1}{8} + \ldots + \frac{1}{2^n} + \ldots$$

est convergente, mais la série

$$1 + 1 - \frac{1}{2} + 2 - \frac{7}{4} + 3 - \frac{23}{8} + \ldots + n - \frac{n\,2^n - 1}{2^n} + \ldots,$$

de laquelle on déduit la première en groupant un terme positif avec le négatif qui suit, est divergente, car ses termes ne diminuent pas indéfiniment.

*Remarque II.* — Si la série (2) était divergente, on en conclurait au contraire que la série (1) est divergente, car si la série (1) était convergente, la série (2) le serait aussi.

*Remarque III.* — Si tous les termes de la série (1) étaient positifs, de la convergence de la série (2) on déduirait celle de la série (1), car de l'égalité

$$(3) \qquad\qquad t_p = s_q$$

on déduit que $s_q$ a une limite. Si alors on considère la somme d'un nombre quelconque $m$ de termes de la série (1), cette somme sera comprise entre deux sommes de termes $s_n$ et $s_{n'}$, dans lesquelles les indices $n$ et $n'$ sont tels, que $s_n$ et $s_{n'}$ contiennent un nombre entier de termes de la série (2). Or $s_n$ et $s_{n'}$ ont même limite, $s_m$ reste compris entre $s_n$ et $s_{n'}$; donc $s_m$ a même limite que $s_n$ et $s_{n'}$; donc, de quelque manière que croisse $m$, $s_m$ a une limite: donc enfin la série (1) est convergente. Ce qu'il fallait démontrer.

*Remarque IV.* — Si un terme de la série (2) ne fournit qu'un nombre limité de termes de la série (1), tendant vers zéro lorsque $n$ tend vers l'infini, on pourra affirmer que la série (1) est convergente si la série (2) l'est; car $s_m$ ne différera de $s_n$ que d'une quantité qui tend vers zéro, et par suite aura pour limite $s - t$, $n$ étant choisi de telle sorte que $s_n$ soit la somme de termes de la série (2) contenant le plus grand nombre possible de termes de la somme $s_n$.

## DES CALCULS QUE L'ON PEUT EFFECTUER SUR LES SÉRIES.

### ADDITION.

12. Si l'on considère les séries convergentes

$$A = a_0 + a_1 + \ldots + a_n + \ldots$$
$$B = b_0 + b_1 + \ldots + b_n + \ldots$$
$$C = c_0 + c_1 + \ldots + c_n + \ldots$$
$$\ldots \ldots \ldots \ldots \ldots \ldots \ldots$$

la série dont le terme général est $u_n = \pm a_n \pm b_n \pm c_n$ est convergente et a pour valeur $\pm A \pm B \pm C \ldots$

En effet, on a

$$\sum_0^n u = \pm \sum_0^n a \pm \sum_0^n b \pm \sum_0^n c \ldots$$

Si l'on suppose que $n$ augmente indéfiniment, on voit que $\sum_0^n u$ a une limite égale à $\pm A \pm B \pm C \ldots$, ce qui démontre le théorème énoncé.

### MULTIPLICATION.

13. Si la série

$$s = a_0 + a_1 + \ldots + a_n + \ldots$$

est convergente et a pour valeur $s$,

$$a a_0 + a a_1 + \ldots + a a_n + \ldots$$

sera convergente et aura pour valeur $a s$

En effet,

$$\sum_{0}^{n}(a\,u) = a\sum_{0}^{n}u.$$

Donc si $n$ augmente indéfiniment, $\sum_{0}^{n}(au)$ a une limite égale à $a\lim\sum_{0}^{n}u$ ou à $as$. Ce qu'il fallait démontrer.

14. Si la série suivante est convergente et à termes positifs,

$$s = u_0 + u_1 + u_2 + \ldots + u_n \ldots,$$

et si $a_0, a_1, \ldots, a_n \ldots$ sont des nombres positifs moindres que $A$, la série

$$a_0 u_0 + a_1 u_1 + a_2 u_2 + \ldots + a_n u_n + \ldots$$

sera convergente.

En effet, cette série a ses termes respectivement plus petits que ceux de la série convergente

$$A s = A u_0 + A u_1 + \ldots + A u_n + \ldots,$$

qui est aussi à termes positifs. — Il est aisé de voir que ce théorème ne peut pas être généralisé. Cependant Abel a démontré que le théorème précédent était encore vrai pour une série quelconque si les nombres $a_0, a_1, a_2, \ldots,$ allaient constamment en décroissant ; on a en effet dans cette hypothèse, en posant

$$(1)\qquad u_0 + u_1 + \ldots + u_n = s_n,$$

$$(2)\qquad a_0 u_0 + a_1 u_1 + \ldots + a_n u_n = t_n,$$

les relations suivantes

$$u_0 = s_0, \quad u_1 = s_1 - s_0, \ldots, \quad u_n = s_n - s_{n-1}, \ldots,$$

et par conséquent, en portant ces valeurs dans l'équation (2),

$$t_n = a_0 s_0 + a_1 (s_1 - s_0) + \ldots + a_n (s_n - s_0),$$

ce que l'on peut écrire ainsi

$$t_n = (a_0 - a_1) s_0 + (a_1 - a_2) s_1 + \ldots + a_n s_n.$$

Dans cette équation, les coefficients de $s_0$, $s_1$, ..., sont tous positifs, car $a_0$, $a_1$ ... vont en décroissant; mais si $\theta$ désigne une moyenne entre les quantités $s_0$, $s_1$, ..., $s_n$, on aura

$$t_n = \theta \left[ (a_0 - a_1) + (a_1 - a_2) + \ldots + a_n \right]$$

ou

$$t_n = a_0 \theta.$$

Or, $n$ augmentant indéfiniment, $\theta$ conserve une valeur finie comprise entre celles des quantités $s_0$, $s_1$ ..., $s_n$, ..., qui ont le plus grand et le plus petit module. Donc $t_n$ conserve une valeur finie; donc enfin la série (2) est convergente. Ce qu'il fallait démontrer.

15. Si les séries

$$(1) \qquad s = u_0 + u_1 + u_2 + \ldots + u_n + \ldots + \ldots,$$

$$(2) \qquad t = v_0 + v_1 + v_2 + \ldots + v_n + \ldots + \ldots,$$

sont convergentes, la série dont le terme général est

$$w_n = u_0 v_n + u_1 v_{n-1} + u_2 v_{n-2} + \ldots + u_n v_0,$$

est convergente et a pour valeur $st$ dans certains cas que nous allons examiner.

1° Supposons d'abord les séries (1) et (2) à termes positifs, nous aurons

$$(3) \quad \sum_0^n u \cdot \sum_0^n v = \sum_0^n u + u_1(v_0 + \ldots + v_n) + \ldots$$
$$+ u_n(v_1 + v_2 + \ldots + v_n).$$

Considérons maintenant le produit $\sum_0^m u \cdot \sum_0^m v$. Le terme de ce produit dans lequel la somme des indices est la plus élevée est $2m$. Si donc $2m$ est moindre que $n+1$, ou si $m$ est le plus grand entier contenu dans $\dfrac{n+1}{2}$, tous les termes de $\sum_0^m u \cdot \sum_0^m v$ se trouvent compris dans $\sum_0^n w$. On a donc

$$\sum_0^n w > \sum_0^m u \cdot \sum_0^m v.$$

Or, en vertu de l'égalité (3),

$$\sum_0^n w < \sum_0^n u \cdot \sum_0^n v.$$

Mais si l'on suppose que $m$ et $n$ augmentent indéfiniment, $\sum_0^m u \cdot \sum_0^m v$ et $\sum_0^n u \cdot \sum_0^n v$ tendront tous deux vers $st$. Alors $\sum_0^n w$, qui reste compris constamment entre ces deux produits, tendra aussi vers cette limite. Le théorème qui nous occupe est donc démontré pour le cas où les séries (1) et (2) sont à termes positifs.

2° Supposons que les mêmes séries ne perdent pas leur convergence quand on rend leurs termes positifs. Considérons d'abord les termes des séries (1) et (2) en valeur absolue. Il entre ici dans l'égalité (3) soit $\sum_0^n u$ a pour limite zéro, car $\sum_{0}^{n} u \cdot \sum_{0}^{n} v$ et $\sum_{0}^{n} w$ ont même limite, d'après ce que nous venons de voir tout à l'heure. Il en sera encore de même *à fortiori* quand on aura rendu aux termes des séries ( 1 ) et ( 2 ) leurs signes respectifs. Par conséquent, si dans l'égalité ( 3 ) nous supposons que $n$ augmente indéfiniment, alors il vient en passant aux limites

$$st = \lim \sum_{0}^{n} w.$$

Ce qui démontre que le théorème est encore applicable dans le cas où les séries ne perdent pas leur convergence quand on rend leurs termes respectifs.

3° Considérons enfin le cas où les séries ( 1 ) et ( 2 ) seraient à termes imaginaires. Nous supposerons les séries des modules de leurs termes convergentes, et nous poserons en général :

$$u_n = p_n \left( \cos \alpha_n + \sqrt{-1} \sin \alpha_n \right),$$
$$v_n = q_n \left( \cos \beta_n + \sqrt{-1} \sin \beta_n \right).$$

Alors, en vertu de ce que nous avons examiné dans le premier cas, la différence

$$\sum_{0}^{n} p \sum_{0}^{n} q - \sum_{0}^{n} pq = p_1 q_n + p_2 \left( q_{n-1} + q_n \right) + \cdots$$
$$+ p_n \left( q_1 + q_2 + \cdots + q_n \right)$$

aura pour limite zéro; il en sera de même *à fortiori* de la quantité

$$p_1 \left( \cos \alpha_1 + \sqrt{-1} \sin \alpha_1 \right) \times q_n \left( \cos \alpha_n + \sqrt{-1} \sin \alpha_n \right)$$
$$+ p_2 \left( \cos \alpha_2 + \sqrt{-1} \sin \alpha_2 \right) \left[ q_{n-1} \left( \cos \alpha_{n-1} + \sqrt{-1} \sin \alpha_{n-1} \right) + \cdots \right.$$
$$+ \cdots \cdots \cdots \cdots \cdots \cdots \cdots \cdots$$

qui n'est autre chose que $u_1 v_n + u_2 \left( v_{n-1} + v_n \right) + \cdots$

L'égalité (3) en passant aux limites fournira donc encore

$$st = \lim \sum_0^n w,$$

et le théorème est encore vrai dans ce dernier cas.

Il ne faudrait pas croire le théorème qui nous occupe tout à fait général; nous allons donner une preuve du contraire. Nous ferons observer toutefois que le calcul des polynômes est applicable à ces séries remarquables dans lesquelles les modules des termes sont en série convergente. Ces séries sont donc d'une utilité toute spéciale; il me semble que l'on devrait les distinguer des autres par un nom particulier. Considérons la série

$$(4) \qquad \frac{1}{\sqrt{1}} - \frac{1}{\sqrt{2}} + \frac{1}{\sqrt{3}} + \dots \pm \frac{1}{\sqrt{n}} \mp \frac{1}{\sqrt{n+1}} \pm \dots$$

Cette série est convergente (3), mais la série des modules de ses termes ne l'est pas, car cette dernière série a ses termes respectivement plus grands que ceux de la série harmonique. Si nous appliquons le théorème du paragraphe précédent, en prenant pour séries (1) et (2) deux fois la série (4), et si nous formons le terme $w_n$, nous obtenons

$$\pm \left( \frac{1}{\sqrt{1}} \cdot \frac{1}{\sqrt{n}} + \frac{1}{\sqrt{2}} \cdot \frac{1}{\sqrt{n-1}} + \frac{1}{\sqrt{3}} \cdot \frac{1}{\sqrt{n-2}} + \dots + \frac{1}{\sqrt{n}} \cdot \frac{1}{\sqrt{1}} \right).$$

Dans ce polynôme les termes ont pour dénominateurs un produit de deux facteurs sous un radical; la somme de ces facteurs est constante et égale à $n+1$ : il en résulte que le produit de ces facteurs est moindre que $\left( \frac{n+1}{2} \right)^2$ :

le terme $w_n$ sera donc moindre que $n$ fois $\dfrac{1}{\sqrt{\left( \dfrac{n+1}{2} \right)^2}}$

ou que $\dfrac{2n}{n+1}$ ; cette quantité, qui peut se mettre sous la

forme $\dfrac{2}{1+\dfrac{1}{n}}$, croît avec $n$ et a pour limite 2 : il en résulte

que la série dont le terme général est $w_n$ ne saurait être convergente.

## DES RÈGLES A SUIVRE POUR DÉCOUVRIR
## LA CONVERGENCE D'UNE SÉRIE.

16. Lemme. — La convergence d'une série est un élément qu'il faut absolument connaître lorsque l'on opère sur cette série. Il est donc indispensable de donner des règles de convergence. Malheureusement ces règles sont en nombre très-limité, et il existe encore un grand nombre de séries dont on ne peut démontrer la convergence ou la divergence. Néanmoins, à l'aide des quelques règles que nous allons donner, on peut, dans le plus grand nombre des cas où le terme général de la série n'est pas trop compliqué, trancher la difficulté.

Commençons par démontrer un lemme.

*Toute progression géométrique décroissante est une série convergente.*

En effet soit la progression

$$\div a : ax : ax^2 : ax^3 : \ldots : ax^n : \ldots;$$

la somme des $n$ premiers termes est

$$a\,\frac{1-x^n}{1-x} = a\left(\frac{1}{1-x} - \frac{x^n}{1-x}\right).$$

Si $x$ est plus petit que $1$, le terme $\dfrac{x^n}{1+x}$ tend vers zéro quand $n$ augmente indéfiniment, et par conséquent la somme des $n$ premiers termes de la progression a pour limite $\dfrac{a}{1-x}$ : c'est donc une série convergente.

Dans le cas où $x$ serait égal à 1 ou plus grand que 1, il est clair que la progression serait une série divergente.

17. Cela posé, si l'on donne une série, pour reconnaître sa convergence (si cette convergence ne saute pas aux yeux, soit parce que les termes seraient alternativement positifs ou négatifs, soit parce que les modules des différents termes seraient en progression géométrique décroissante, soit enfin parce que ces modules seraient moindres respectivement que les termes d'une progression géométrique), alors on cherche l'expression générale du rapport d'un terme précédent et l'on applique tout d'abord les théorèmes qui suivent avec leurs corollaires.

18. THÉORÈME I. — *Lorsque dans une série à termes réels le rapport d'un terme au précédent devient et reste, à partir d'un certain terme, inférieur en valeur absolue à un nombre $z$ moindre que 1, la série proposée est convergente.*

En effet, soit

$$u_0 + u_1 + \ldots + u_n + u_{n+1} + \ldots$$

la série proposée. Supposons qu'à partir du terme $u_n$ on ait

$$\frac{u_{n+1}}{u_n} < z, \quad \frac{u_{n+2}}{u_{n+1}} < z, \ldots, \quad \frac{u_{n+p+1}}{u_{n+p}} < z \ldots,$$

on tirera de ces inégalités les suivantes :

$$u_{n+1} < z\,u_n, \quad u_{n+2} < z\,u_{n+1}, \ldots, \quad u_{n+p+1} < z\,u_{n+p}, \ldots$$

Si alors on multiplie membre à membre les deux premières, les trois premières, ..., les $p+1$ premières, on a

$$u_{n+1} < z\,u_n, \quad u_{n+2} < z^2 u_n, \ldots, \quad u_{n+p+1} < z^{p+1} u_n, \ldots$$

ce qui montre que la série proposée a ses termes plus petits en valeur absolue que ceux d'une progression géométrique décroissante dont les termes sont $\alpha u_n$, $\alpha^2 u_n$, $\alpha^3 u_n$, ..., c'est-à-dire plus petits que ceux d'une série convergente. Donc la série proposée est elle-même convergente. Ce qu'il fallait démontrer. (*Voir* n° 3 et Coroll. du n° 6.)

COROLLAIRE I. — *Si dans une série quelconque le module du rapport d'un terme au précédent est et reste constamment, à partir d'un certain terme, inférieur à une quantité $\alpha$ moindre que 1, la série proposée est convergente.*

En effet, le module du rapport d'un terme au précédent est égal au rapport des modules de ces deux termes. Ce rapport restant constamment inférieur à $\alpha$ qui est plus petit que 1, il en résulte que la série des modules et des termes de la série proposée est convergente; par conséquent, la série proposée elle-même est convergente. Ce qu'il fallait démontrer. (*Voir* n° 8.)

COROLLAIRE II. — *Si dans une série la limite du rapport $\frac{u_{n+1}}{u_n}$ d'un terme au précédent était moindre que 1 en valeur absolue, la série proposée serait convergente.*

En effet, soit $l$ cette limite, $\alpha$ un nombre compris entre $l$ et 1, la limite $\frac{u_{n+1}}{u_n}$ étant $l$. Il arrivera un moment où ce rapport différera de sa limite $l$ de moins que $l$ ne diffère de $\alpha$, par conséquent où il sera moindre que $\alpha$, et alors, en vertu du théorème que nous venons de démontrer, la série proposée sera convergente.

COROLLAIRE III. — *On verrait facilement que si dans une série quelconque le module du rapport d'un terme au*

précédent a une limite moindre que $1$, cette série est convergente.

19. THÉORÈME II. — *Lorsque dans une série à termes
réels le rapport d'un terme au précédent est susceptible de
devenir et de rester supérieur à $1$, alors la série est divergente, car alors ses termes ne sauraient aller qu'en augmentant.*

COROLLAIRE. — *Si dans une série quelconque le module
du rapport d'un terme au précédent ne peut devenir et rester
moindre que $1$, la série est divergente.*

20. THÉORÈME III. — Il est clair que dans le cas où
$\frac{u_{n+1}}{u_n}$ ou son module serait constamment $1$, la série serait
divergente ; mais il peut arriver que la limite du rapport
$\frac{u_{n+1}}{u_n}$ soit $1$, et alors il faut d'autres règles pour constater la convergence ou la divergence de la série proposée.
L'objet du présent théorème est d'aider à dissiper les
doutes que pourraient laisser les deux théorèmes qui précèdent

*Si dans une série*

$$(1) \qquad u_0 + u_1 + \ldots + u_n + u_{n+1} \ldots$$

*la limite du rapport $\frac{u_{n+1}}{u_n}$ est $1$, et si ce rapport reste con-
stamment inférieur à $1$, on peut le mettre sous la forme*

$$\frac{1}{1 + \left( \dfrac{u_n}{u_{n+1}} - 1 \right)} = \frac{1}{1 + x}.$$

*$x$ est une quantité qui tend vers zéro quand $n$ augmente indé-
finiment. Si alors $nx$ a une limite plus grande que $1$, la série*

*proposée est convergente; elle est divergente quand cette limite est plus petite que* 1, *ou quand* $n\alpha$ *ayant pour limite* 1 *reste constamment inférieur à* 1.

La démonstration de ce théorème exige la connaissance de deux lemmes.

21. Lemme I. — *Si l'on a deux séries à termes positifs, l'une convergente*

$$(1) \qquad s = a_0 + a_1 + a_2 + \ldots + a_n + a_{n+1} + \ldots,$$

*et l'autre*

$$(2) \qquad b_0 + b_1 + \ldots + b_n + b_{n+1} + \ldots,$$

*telle que le rapport d'un terme au précédent,* $\dfrac{b_{n+1}}{b_n}$, *soit constamment inférieur au rapport correspondant* $\dfrac{a_{n+1}}{a_n}$ *dans la première, cette dernière est convergente.*

En effet, la série (1) étant convergente, la suivante le sera aussi :

$$b_0 + \frac{b_0}{a_0} a_1 + \frac{b_0}{a_0} a_2 + \ldots + \frac{b_0}{a_0} a_n + \frac{b_0}{a_0} a_{n+1} + \ldots,$$

ce que l'on peut aussi écrire :

$$(3) \quad b_0 + b_0 \frac{b_0}{a_0} + b_0 \frac{a_2}{a_1} \cdot \frac{a_1}{a_0} + \ldots + b_0 \frac{a_n}{a_{n-1}} \cdot \frac{a_{n-1}}{a_{n-2}} \ldots \frac{a_1}{a_0} + \ldots$$

On voit alors que la série (2), qui peut se mettre sous la forme

$$b_0 + b_0 \frac{b_1}{b_0} + b_0 \frac{b_2}{b_1} \cdot \frac{b_1}{b_0} + \ldots + b_0 \frac{b_n}{b_{n-1}} \cdot \frac{b_{n-1}}{b_{n-2}} \ldots \frac{b_1}{b_0} + \ldots,$$

a, en vertu de notre hypothèse, ses termes respectivement

plus petits que ceux de la série (3), qui est convergente ; donc la série (2) est elle-même convergente. Ce qu'il fallait démontrer.

*Remarque.* — **Si la série (1) était divergente, et si** $\dfrac{b_{n+1}}{b_n}$ **était supérieur à** $\dfrac{a_n}{a_{n+1}}$, **la série (2) serait divergente.**

**22. Lemme II.** — *La série*

$$(1) \qquad \frac{1}{1^k} + \frac{1}{2^k} + \frac{1}{3^k} + \ldots + \frac{1}{n^k} + \frac{1}{(n+1)^k} + \ldots$$

*est convergente ou divergente selon que $k$ est plus grand ou plus petit que 1.*

En effet, supposons d'abord $k$ plus grand que 1, la série précédente peut s'écrire, en groupant les termes, ce qui n'altère pas la convergence ou la divergence de la série, puisqu'elle a ses termes positifs (10), de la manière suivante :

$$(2) \quad \left\{ \begin{aligned} &\frac{1}{1^k} + \frac{1}{2^k} + \left( \frac{1}{3^k} + \frac{1}{4^k} \right) + \ldots \\ &+ \left[ \frac{1}{(2^n+1)^k} + \frac{1}{(2^n+2)^k} + \ldots + \frac{1}{(2^{n+1})^k} \right] + \ldots \end{aligned} \right.$$

Si l'on suppose $k > 1$, le terme général de la nouvelle série est moindre que $\dfrac{1}{2^{nk}}$ répété $2^n$ fois, c'est-à-dire moindre que $\dfrac{1}{2^{n(k-1)}}$ ; les termes de cette série sont donc moindres que ceux de la progression géométrique décroissante

$$\frac{1}{2^{k-1}} + \frac{1}{(2^{k-1})^2} + \ldots + \frac{1}{(2^{k-1})^n} + \ldots ;$$

elle est par conséquent convergente (16).

Si au contraire $k < 1$, alors la série (2) a son terme

général plus grand que $\dfrac{1}{2^{(n+1)k}}$ répété $2^n$ fois, c'est-à-dire que $\dfrac{1}{2^{(k-1)n+k}}$. La série (2) a donc ses termes respectivement plus grands que ceux de la progression croissante

$$\frac{1}{2^k} + \frac{1}{2^k}\cdot\frac{1}{2^{k-1}} + \ldots + \frac{1}{2^k}\cdot\frac{1}{2^{(k-1)n}} + \ldots;$$

elle est donc divergente. Ce que l'on aurait pu prévoir; car dans ce cas les termes de la série (1) sont plus grands que ceux de la série harmonique.

Or la série (1) étant convergente et divergente en même temps que (2), le lemme qui nous occupe se trouve dé-montré.

**23.** *Démonstration du théorème*. — Examinons dans quel cas le rapport d'un terme au précédent sera plus grand dans la série convergente

$$(1) \qquad \frac{1}{1^k} + \frac{1}{2^k} + \ldots + \frac{1}{n^k} + \ldots$$

(où nous supposons par conséquent $k > 1$), que dans la série proposée

$$(2) \qquad u_0 + u_1 + \ldots + u_n + \ldots,$$

dans le cas où cette condition se trouvera remplie, en vertu du lemme I, la série (2) sera convergente.

Ceci revient à examiner dans quel cas on pourra satis-faire à l'inégalité

$$\frac{1}{(n+1)^k} : \frac{1}{n^k} > \frac{u_{n+1}}{u_n},$$

ou à cette autre équivalente, en remplaçant $\dfrac{u_{n+1}}{u_n}$ par $\dfrac{1}{1+z}$,

$$\frac{1}{\left(1+\dfrac{1}{n}\right)^k} > \frac{1}{1+z}$$

on

$$\left(1 + \frac{1}{n}\right)^{k} < 1 + \alpha.$$

Supposons $k$ fractionnaire de la forme $\frac{p}{q}$, l'inégalité précédente devient

$$\left(1 + \frac{1}{n}\right)^{p} < (1 + \alpha)^{q}$$

ou

$$1 + \frac{p}{n} + \frac{\omega}{n} < 1 + \alpha q + \alpha \omega';$$

$\omega$ et $\omega'$ s'annulent le premier pour $n = \infty$, le second pour $\alpha = 0$, c'est-à-dire aussi pour $n = \infty$. L'inégalité précédente peut s'écrire

$$\frac{p}{q} + \frac{\omega}{q} < n\alpha + \frac{n\alpha\omega'}{q}.$$

Or si la limite de $n\alpha$ est plus grande que $\frac{p}{q}$, cette inégalité sera satisfaite d'elle-même pour de très-grandes valeurs de $n$; en d'autres termes, si la limite de $n\alpha$ est plus grande que $1$, la série proposée jouira de cette propriété que le rapport d'un terme au précédent sera plus petit que le correspondant dans la série $(1)$, qui est convergente. Donc enfin, quand la limite de $n\alpha$ est plus grande que $1$, la série proposée est convergente (lemme 1).

On démontrerait de même que quand la limite de $n\alpha$ est plus petite que $1$, la série est divergente.

Enfin si $n\alpha$ restait toujours inférieur à $1$, on aurait

$$n\alpha < 1,$$

$$\alpha < \frac{1}{n},$$

$$1 + \alpha < 1 + \frac{1}{n} \quad \text{ou} \quad < \frac{n+1}{n},$$

$$\frac{1}{1+\alpha} > \frac{n}{n+1}.$$

Le rapport d'un terme au précédent serait plus grand dans la série proposée que dans la série harmonique ; donc elle serait divergente.

**24.** *Remarque.* — Dans le cas où $n\alpha$ ne resterait pas constamment inférieur à 1 et aurait pour limite 1, il y aurait doute sur la convergence de la série ; on fera alors usage de ce que l'on connaît sur la convergence des séries et particulièrement de deux théorèmes par lesquels nous allons terminer les règles de convergence.

Le dernier théorème que nous venons de démontrer ne s'applique qu'aux séries à termes réels ; toutefois on peut l'appliquer à la série des modules des termes d'une série à termes imaginaires.

Nous terminerons cette remarque en faisant observer que souvent le moyen le plus simple de reconnaître la convergence d'une série consiste à en grouper les termes, si toutefois on n'altère pas ainsi la divergence, et à voir si la nouvelle série n'a pas ses termes moindres que ceux d'une autre série bien connue à termes positifs. C'est ce principe que l'on a appliqué dans la démonstration du lemme II.

**25.** Théorème IV. — 1° *Si dans une série à termes positifs*

$$(1) \qquad u_0 + u_1 + \ldots + u_n + \ldots$$

*la limite de $nu_n$ n'est pas zéro, la série est divergente.*

En effet, soit $\alpha$ cette limite, $\beta$ un nombre compris entre $0$ et $\alpha$, il y aura un moment où $n$ sera assez grand pour qu'en valeur absolue on ait

$$n u_n > \beta \quad \text{ou} \quad u_n > \frac{\beta}{n},$$

$$(n+1) u_{n+1} > \beta \quad \text{ou} \quad u_{n+1} > \frac{\beta}{n+1},$$

$$\ldots \ldots \ldots \ldots \qquad \ldots \ldots \ldots \ldots$$

on voit alors que la série proposée a ses termes plus grands que ceux de la série harmonique multipliés chacun par $\beta$; elle est donc divergente.

$2^o$ *Si dans la série* (1) *la limite de* $n^k u_n$ *est finie,* $k$ *étant plus grand que* 1, *on peut affirmer que cette série est convergente.*

En effet, en désignant par $\beta$ un nombre plus grand que la limite en question, on a

$$n^k u_n < \beta \quad \text{ou} \quad u_n < \frac{\beta}{n^k}.$$

$$(n+1)^k u_n < \beta \quad \text{ou} \quad u_{n+1} < \frac{\beta}{(n+1)^k},$$

$$\dots \dots \dots \dots \qquad \dots \dots \dots \dots$$

On voit donc que la série proposée a ses termes respectivement plus petits que ceux de la série

$$\frac{1}{n^k} + \frac{1}{(n+1)^k} + \dots + \frac{1}{(n+p)^k} + \dots$$

dont tous les termes ont été multipliés par $\beta$, et dont nous avons démontré la convergence (23); la série proposée est donc convergente.

26. **Théorème V.** — *Lorsque dans une série*

$$u_0 + u_1 + \dots + u_n + u_{n+1}, \dots,$$

*la quantité* $\sqrt[n]{u_n}$ *devient et reste moindre qu'une quantité* $\alpha$ *moindre que* 1, *cette série est convergente.*

En effet, alors on a

$$\sqrt[n]{u_n} < \alpha \quad \text{ou} \quad u_n < \alpha^n,$$

$$\sqrt[n+1]{u_{n+1}} < \alpha \quad \text{ou} \quad u_{n+1} < \alpha^{n+1},$$

$$\dots \dots \dots \dots \dots \dots \dots \dots$$

La série proposée a donc ses termes respectivement plus petits que ceux de la progression décroissante

$$a^n + a^{n+1} + \dots + a^{n+p}, \dots;$$

elle est donc convergente.

*Remarque.* — Si $\sqrt[n]{u_n}$ restait supérieur à $1$, la série serait divergente. (Même démonstration.)

COROLLAIRE I. — *Si la limite de $\sqrt[n]{u_n}$ était moindre que $1$, la série proposée serait encore convergente.* (Même démonstration que dans le corollaire analogue du théorème du n° 18.)

COROLLAIRE II. — Le théorème précédent et son corollaire sont applicables aux modules des termes des séries à termes imaginaires.

27. *Remarque.* — On pourrait encore faire connaître de nombreux théorèmes sur la convergence; mais, comme nous le verrons plus loin, la plupart du temps les théorèmes que nous avons démontrés suffisent. Cependant il se présente encore bon nombre de séries auxquelles on ne peut appliquer aucun des théorèmes que nous avons énoncés précédemment. La série suivante est dans ce cas :

$$1 + \frac{1}{2\,l\,2} + \frac{1}{3\,l\,3} + \dots + \frac{1}{n\,l\,n} + \dots$$

Il faut alors aborder la question directement. Dans la série précédente, la somme des $n$ termes qui suivent le $n^{ième}$ est plus grande que le $2n^{ième}$ terme répété $n$ fois ou que $\dfrac{1}{2\,l\,2n}$ : si alors on groupe les termes de la série ainsi qu'il suit :

$$1 + \frac{1}{2\,l\,2} + \left( \frac{1}{3\,l\,3} + \frac{1}{4\,l\,4} \right) + \cdots$$

$$\cdots + \left[ \frac{1}{(2^n + 1)\,l\,(2^n + 1)} + \cdots + \frac{1}{2^{n+1}\,l\,2^{n+1}} \right] + \cdots$$

On voit que la nouvelle série, qui est convergente et divergente en même temps que la proposée, a ses termes plus grands que ceux de la série

$$1 + \frac{1}{2\,l\,2} + \frac{1}{2\,l\,4} + \frac{1}{2\,l\,8} + \cdots + \frac{1}{2\,l\,2^{n+1}}, \cdots,$$

que l'on peut écrire ainsi

$$1 + \frac{1}{2\,l\,2} + \frac{1}{4\,l\,2} + \frac{1}{6\,l\,2} + \cdots + \frac{1}{2(n+1)\,l\,2} + \cdots,$$

et qui est divergente ; car elle ne diffère de la série harmonique qu'en ce que tous les termes sont multipliés par $\frac{1}{2\,l\,2}$. Cette série, et par suite la proposée, est donc divergente.

## CALCUL DE LA VALEUR D'UNE SÉRIE.

28. On se sert des séries pour calculer les valeurs particulières des fonctions transcendantes. A cet effet, on fait ce que l'on appelle *développer la fonction en série convergente*, c'est-à-dire que l'on cherche une série dont la valeur soit égale à la valeur particulière que l'on cherche de la fonction. Si donc on avait un moyen de calculer la valeur exacte d'une série, on pourrait par cela même trouver la valeur exacte de la fonction. Malheureusement on ne peut qu'approcher de la valeur d'une série, et pour cela on prend les premiers termes et on en fait la somme.

En général plus on a pris de termes, plus on approche de la valeur exacte de la série. Mais la série formée des termes négligés, appelée *reste* de la série proposée, a une valeur précisément égale à l'erreur commise sur la valeur exacte de la série proposée. Si donc on trouve un nombre supérieur à la valeur du reste, on aura une limite de l'erreur commise en prenant les premiers termes de la série proposée.

Dans une série à termes décroissants, à termes alternativement positifs et négatifs,

$$s = u_0 + u_0 + \ldots + u_n - u_{n+1} + u_{n+2} \ldots,$$

il est facile de déterminer une limite de l'erreur en prenant $\sum_0^n u$ au lieu de $s$, car on a

$$s > \sum_0^n u - u_{n+1} \quad \text{et} \quad s < \sum_0^n u,$$

$u_{n+1}$ est donc une limite de l'erreur.

29. Pour découvrir une limite de l'erreur, il est souvent commode de comparer le reste à une progression géométrique décroissante. Ainsi, par exemple, si dans une série

$$s = u_0 + u_1 + u_2 + \ldots + u_n + u_{n+1} + \ldots$$

le rapport d'un terme au précédent reste inférieur à une quantité $\alpha$ moindre que $1$ à partir du terme $u_n$, le reste sera moindre que

$$u_{n+1} + u_{n+1}\,\alpha + u_{n+1}\,\alpha^2 + \ldots \quad \text{ou que} \quad u_{n+1}\,\frac{1}{1-\alpha},$$

et par suite $\dfrac{u_{n+1}}{1-\alpha}$ sera une limite de l'erreur. Si dans cette même série $\sqrt[n]{u_n}$ restait, quand $n$ augmente, inférieur à $\alpha$, moindre que 1, le reste serait moindre que la somme des termes de la progression

$$u_{n+1}\, x^{n+1} + u_{n+1}\, x^{n+2} + \ldots,$$

ou moindre que $\dfrac{u_{n+1}\, x^{n+1}}{1-x}$, qui représente une limite de l'erreur.

On obtient souvent deux limites de l'erreur, ce qui permet d'approcher davantage de la valeur exacte de la série. Si, par exemple, dans la série

$$u_0 + u_1 + \ldots + u_n + \ldots$$

le rapport d'un terme au précédent était et restait à la fois supérieur à $\beta$ et inférieur à $\alpha$, tous deux moindres que 1, l'erreur commise, en s'arrêtant au terme $u_n$ inclusivement, serait comprise entre

$$\frac{u_{n+1}}{1-\alpha} \quad \text{et} \quad \frac{u_{n+1}}{1-\beta}.$$

On aurait alors une valeur approchée de la série en prenant

$$\sum_0^n u + u_{n+1}\, \frac{1}{2}\left( \frac{1}{1-\alpha} + \frac{1}{1-\beta} \right).$$

## DES SÉRIES ORDONNÉES PAR RAPPORT AUX PUISSANCES CROISSANTES D'UNE MÊME VARIABLE.

30. THÉORÈMES D'ABEL. — Les séries ordonnées par rapport aux puissances croissantes d'une même variable ont, lorsqu'elles sont convergentes, une valeur qui varie avec cette variable, et par conséquent qui en est une fonction.

Abel fait connaître la nature de ces sortes de séries et

leurs propriétés fondamentales dans les deux théorèmes qui suivent, théorèmes qu'il n'avait énoncés que pour le cas d'une variable réelle, mais qui ont été généralisés depuis par Cauchy.

1° *Une série*

$$(1) \qquad a_0 + a_1 x + a_2 x^2 + a_3 x^3 + \ldots + a_n x^n + \ldots$$

*ordonnée par rapport aux puissances croissantes de $x$, qui est convergente quand le module de $x$ est $R$, est également convergente quand le module de $x$ est $r$, plus petit que $R$.*

En effet, soient $\rho_0, \rho_1, \ldots, \rho_n, \ldots$, les modules de $a_0$, $a_1, \ldots, a_n, \ldots$, et considérons la progression géométrique décroissante

$$1 + \frac{r}{R} + \frac{r^2}{R^2} + \ldots + \frac{r^n}{R^n} + \ldots$$

Si l'on multiplie tous ses termes respectivement par des quantités qui ne croissent pas indéfiniment, en vertu du théorème du n° 13 on tombera sur une série qui sera encore convergente. Or les quantités $\rho_0 R$, $\rho_1 R^1$, $\rho_2 R^2 \ldots$, $\rho_n R^n \ldots$, sont dans ce cas. En effet, en général $\rho_n R^n$ est le module de $a_n x^n$ correspondant au module $R$ de $x$. Or la série (1) étant convergente quand $R$ est le module de $x$, il en résulte que $a_n x^n$ et par suite $\rho_n R^n$ son module tendent vers zéro. Il résulte de là que la série

$$\rho_0 + \rho_1 R^1 \cdot \frac{r}{R} + \rho_2 R^2 \frac{r^2}{R^2} + \ldots + \rho_n R^n \cdot \frac{r^2}{R^2}, \ldots,$$

ou

$$\rho_0 + \rho_1 r + \rho_2 r^2 + \ldots + \rho_n r^n + \ldots,$$

est convergente. Or cette série est celle des modules de la série (1). Donc cette dernière est également convergente (8). Ce qu'il fallait démontrer.

$2^{\circ}$ *La valeur de la série* $(1)$ *est une fonction continue de $x$ quand le module de $x$ reste inférieur à* R.

Au lieu de démontrer ce théorème, nous allons en démontrer un autre beaucoup plus général et qui se trouve dans l'analyse algébrique de Cauchy.

**31.** *Si* $\varphi_1(x), +\varphi_2(x)\,\varphi_3,(x),\ldots,$ *sont des fonctions continues de $z$, et si la série*

$$(2) \qquad \varphi_1(x) + \varphi_2(x) + \varphi_3(x) + \ldots + \varphi_n(x) + \ldots$$

*reste convergente lorsque $x$ varie dans un certain intervalle pour lequel chacun de ses termes reste continu, la valeur de cette série est une fonction continue de $x$.*

En effet, posons

$$\mathrm{F}(x) = \varphi_1(x) + \varphi_2(x) + \ldots + \varphi_n(x),$$
$$f(x) = \varphi_{n+1}(x) + \varphi_{n+2}(x) + \ldots,$$

et soit $\Phi(x)$ la valeur de la série ; on a identiquement

$$\Phi(x+h) - \Phi(x) = \mathrm{F}(x+h) - \mathrm{F}(x) + f(x+h) - f(x).$$

Or on peut toujours prendre $n$ assez grand pour que les modules de $f(x+h)$ et de $f(x)$ soient chacun moindres que $\frac{\alpha}{3}$ ; alors le module de $f(x+h) - f(x)$ sera moindre que $\frac{2\alpha}{3}$ ; mais, $\mathrm{F}(x)$ étant une fonction continue, le module de $\mathrm{F}(x+h) - \mathrm{F}(x)$ pourra, en prenant $h$ assez près de zéro, être pris lui-même moindre que $\frac{\alpha}{3}$. Il résulte de là que le module de $\mathrm{F}(x+h) - \mathrm{F}(x) + f(x+h) - f(x)$ ou de $\Phi(x+h) - \Phi(x)$ pourra être pris moindre que $\frac{2\alpha}{3} + \frac{\alpha}{3}$, c'est-à-dire que $\alpha$ ; donc $\Phi(x)$ est une fonction continue de $x$. Ce qu'il fallait démontrer.

CorOLLAIRE. — Si l'on prend en général $\varphi_n(x) = a_n x^n$, on tombe sur le théorème d'Abel, qui, comme on voit, n'est qu'un cas particulier de celui-ci.

32. Théorème. — *Si deux séries ordonnées convergentes quand le module de $x$ est* R,

$$(1) \qquad a_0 + a_1 x + a_2 x^2 + \ldots + a_n x^n + \ldots,$$

$$(2) \qquad b_0 + b_1 x + b_2 x^2 + \ldots + b_n x^n + \ldots,$$

*ont constamment même valeur quand le module de $x$ est inférieur à* R, *ces deux séries sont identiques, c'est-à-dire que les coefficients des mêmes puissances de $x$ sont égaux dans les deux séries.*

En effet, d'après le premier théorème d'Abel, les séries (1) et (2) seront convergentes pour tout module de $x$ moindre que R ; alors, dans cette dernière hypothèse, les valeurs des séries étant les mêmes, d'après le n° **11**, on aura

$$(3) \quad a_0 - b_0 + (a_1 - b_1)x + \ldots + (a_n - b_n)x^n + \ldots = 0,$$

ce qu'en vertu du n° **12**, on peut écrire

$$(4) \quad a_0 - b_0 + x \left[ \begin{array}{l} (a_1 - b_1) + (a_2 - b_2)x + \ldots \\ + (a_n - b_n)x^{n-1} + \ldots \end{array} \right] = 0.$$

Cette formule est démontrée pour toutes les valeurs du module de $x$ moindres que R, et par conséquent aussi pour un module de $x$ très-petit. Or la série

$$a_1 - b_1 + (a_2 - b_2)x + \ldots + (a_n - b_n)x^{n-1} + \ldots$$

est convergente dans l'hypothèse d'un module de $x$ moindre que R ; elle l'est donc encore quand $x$ est très-petit, et sa valeur multipliée par $x$, qui est très-petit, sera très-voisine de zéro. L'équation (4) donne par conséquent, en faisant converger $x$ vers zéro,

$$a_0 - b_0 = 0, \quad \text{d'où} \quad a_0 = b_0.$$

Si l'on suppose alors $a_0$ égal à $b_0$ dans l'équation (3), il vient, en divisant par $x$, ce qui, en vertu du n° **12**, diminue dans le rapport $\dfrac{1}{x}$ la valeur de la série (3) :

$$a_1 - b_1 + (a_2 - b_2)x + \ldots + (a_n - b_n)x^{n-1} + \ldots = 0.$$

Cette équation a lieu pour toutes les valeurs de $x$ ayant un module moindre que R ; on verrait, en raisonnant alors sur cette équation comme sur l'équation (3), que $a_1$ est égal à $b_1$, et ainsi de suite. Ce qu'il fallait démontrer (*).

33. De là résulte qu'une fonction ne peut être développée de deux manières en série ordonnée suivant les puissances croissantes de sa variable ; car ses deux développements devant être sans cesse égaux seraient identiques.

## ÉTUDE DE QUELQUES SÉRIES.

### PROGRESSIONS GÉOMÉTRIQUES.

34. La plus simple de toutes les séries convergentes est la série

$$1 + x + x^2 + x^3 + \ldots + x^n + \ldots,$$

---

(*) Cette démonstration suppose l'égalité des deux séries (1) et (2) pour $x = 0$ ; mais on peut démontrer à l'aide du calcul intégral que si les deux séries (1) et (2) sont égales pour toutes les valeurs du module de $x$ comprises entre $\alpha$ et $\beta$, elles sont aussi égales pour toutes les autres valeurs de $x$.

dans laquelle le module de $x$ est moindre que $1$ ; la valeur de cette série, qui n'est autre chose qu'une progression géométrique décroissante, est, comme on sait, $\dfrac{1}{1 - x}$. Si l'on fait dans cette série

$$x = r\left(\cos\theta + \sqrt{-1}\,\sin\theta\right),$$

elle devient

$$1 + r\left(\cos\theta + \sqrt{-1}\,\sin\theta\right) + \ldots + r^n\left(\cos n\theta + \sqrt{-1}\,\sin n\theta\right) + \ldots.$$

Sa valeur devient

$$\frac{1}{1 - r\cos\theta - r\sqrt{-1}\,\sin\theta} = \frac{1 - r\cos\theta + \sqrt{-1}\,.\,r\sin\theta}{1 - 2r\cos\theta + r^2};$$

on a donc

$$\frac{1 - r\cos\theta}{1 - 2r\cos\theta + r^2} + \sqrt{-1}\,\frac{r\sin\theta}{1 - 2r\cos\theta + r^2}$$

$$= 1 + r\left(\cos\theta + \sqrt{-1}\,\sin\theta\right) + \ldots + r^n\left(\cos n\theta + \sqrt{-1}\,\sin n\theta\right) + \ldots,$$

et si l'on égale dans les deux membres les parties réelles et les coefficients de $\sqrt{-1}$, on a deux séries

$$\frac{1 - r\cos\theta}{1 - 2r\cos\theta + r^2} = 1 + r\cos\theta + r^2\cos 2\theta + \ldots + r^n\cos n\theta + \ldots,$$

$$\frac{r\sin\theta}{1 - 2r\cos\theta + r^2} = r\sin\theta + r^2\sin 2\theta + \ldots + r^n\sin n\theta + \ldots.$$

Si l'on faisait $r = 1$ dans ces séries, elles deviendraient divergentes ; mais dans ce cas on pourrait se proposer de calculer seulement la somme des $n$ premiers termes de ces séries. Le problème dont nous venons de parler est un cas particulier de celui que nous allons résoudre :

*Calculer la somme des sinus ou des cosinus d'une série d'arcs en progression arithmétique.* (Cette question trouve son application dans le calcul intégral, et en particulier dans la théorie des séries trigonométriques.)

Proposons-nous, par exemple, d'évaluer les deux sommes suivantes :

$$(1) \quad u = \cos a + \cos(a+x) + \cos(a+2x) + \ldots + \cos\left(a + \overline{n-1}\,x\right),$$

$$(2) \quad v = \sin a + \sin(a+x) + \sin(a+2x) + \ldots + \sin\left(a + \overline{n-1}\,x\right).$$

Ajoutons ces deux équations après avoir multiplié les deux membres de la seconde par $\sqrt{-1}$, il vient

$$u + v\sqrt{-1} = \left(\cos a + \sqrt{-1}\,\sin a\right) + \ldots$$
$$+ \left[\cos\left(a + \overline{n-1}\,x\right) + \sqrt{-1}\,\sin\left(a + \overline{n-1}\,x\right)\right],$$

ce que l'on peut écrire

$$u + v\sqrt{-1} = \left(\cos a + \sqrt{-1}\,\sin a\right)\left[1 + \left(\cos x + \sqrt{-1}\,\sin x\right)^1 + \ldots\right.$$
$$\left. + \left(\cos x + \sqrt{-1}\,\sin x\right)^{n-1}\right],$$

ou, sommant la progression géométrique qui est entre les crochets,

$$u + v\sqrt{-1} = \left(\cos a + \sqrt{-1}\,\sin a\right)\frac{1 - \left(\cos nx + \sqrt{-1}\,\sin nx\right)}{1 - \cos x - \sqrt{-1}\,\sin x},$$

ou, multipliant dans le deuxième membre haut et bas par $1 - \cos x + \sqrt{-1}\,\sin x$,

$$u + v\sqrt{-1} = \left[\frac{1 - \cos x - \cos nx + \cos \overline{n-1}\,x}{2\,(1 - \cos x)}\right.$$
$$\left. + \sqrt{-1}\,\frac{\sin x - \sin nx + \sin \overline{n-1}\,x}{2\,(1 - \cos x)}\right]\left(\cos a + \sqrt{-1}\,\sin a\right).$$

Égalons séparément les parties réelles et les coefficients de $\sqrt{-1}$, il viendra

$$u = \cos a \left[ \frac{1}{2} + \frac{\cos \overline{n-1}\, x - \cos nx}{2\,(1 - \cos x)} \right] - \sin a\, \frac{\sin \overline{n-1}\, x - \sin nx + \sin x}{2\,(1 - \cos x)},$$

$$v = \sin a \left[ \frac{1}{2} + \frac{\cos \overline{n-1}\, x - \cos nx}{2\,(1 - \cos x)} \right] + \cos a\, \frac{\sin \overline{n-1}\, x - \sin nx + \sin x}{2\,(1 - \cos x)}.$$

Remplaçons dans ces formules les quantités

$$\cos \overline{n-1}\, x - \cos nx \quad \text{par} \quad 2 \sin \frac{1}{2} x \sin \frac{1}{2}(2n-1)x,$$

$$\sin nx - \sin \overline{n-1}\, x \quad \text{par} \quad 2 \sin \frac{1}{2} x \cos \frac{1}{2}(2n-1)x,$$

$$1 - \cos x \quad \text{par} \quad 2 \sin^2 \frac{1}{2} x,$$

$$\sin x \quad \text{par} \quad 2 \sin \frac{1}{2} x \cos \frac{1}{2} x,$$

il vient

$$u = \frac{1}{2} \cos a \left[ 1 + \frac{\sin \frac{1}{2}(2n-1)x}{\sin \frac{1}{2} x} \right] + \frac{1}{2} \sin a\, \frac{\cos \frac{1}{2}(2n-1)x - \cos \frac{1}{2} x}{\sin \frac{1}{2} x},$$

$$v = \frac{1}{2} \sin a \left[ 1 + \frac{\sin \frac{1}{2}(2n-1)x}{\sin \frac{1}{2} x} \right] - \frac{1}{2} \cos a\, \frac{\cos \frac{1}{2}(2n-1)x - \cos \frac{1}{2} x}{\sin \frac{1}{2} x}.$$

Si nous effectuons les produits indiqués et si nous remarquons que les termes du résultat se groupent deux à deux

4

pour former des sinus de sommes ou de différences d'arcs, nous obtenons

$$u = \frac{1}{2} \frac{\sin\left(a + \overline{n - \frac{1}{2}}\,x\right) - \sin\left(a - \frac{1}{2}\,x\right)}{\sin\frac{1}{2}x},$$

$$v = \frac{1}{2} \frac{-\cos\left(a + \overline{n - \frac{1}{2}}\,x\right) + \cos\left(a - \frac{1}{2}\,x\right)}{\sin\frac{1}{2}x},$$

ou enfin

$$u = \frac{\sin\frac{nx}{2}\cos\left(a + \frac{n-1}{2}\,x\right)}{\sin\frac{1}{2}x},$$

$$v = \frac{\sin\frac{n}{2}x\,\sin\left(a + \frac{n-1}{2}\,x\right)}{\sin\frac{1}{2}x}.$$

Si dans ces formules on suppose $a = 0$, il vient

$$1 + \cos x + \cos 2x + \ldots + \cos\overline{n-1}\,x = \frac{\cos\frac{1}{2}(n-1)x\,\sin\frac{1}{2}nx}{\sin\frac{1}{2}x},$$

$$\sin x + \sin 2x + \ldots + \cos\overline{n-1}\,x = \frac{\sin\frac{1}{2}(n-1)x\,\sin\frac{1}{2}nx}{\sin\frac{1}{2}x}.$$

La première de ces formules se met aussi sous la forme suivante :

$$1 + \cos x + \cos 2x + \ldots + \cos\overline{n-1}\,x = \frac{1}{2}\left(1 + \frac{\sin\frac{1}{2}(2n-1)x}{\sin\frac{1}{2}x}\right).$$

Cette formule est employée pour le développement des fonctions en séries trigonométriques.

## FORMULE DU BINOME.

35. L'une des séries les plus intéressantes est celle que l'on obtient en supposant dans la formule du binôme de Newton l'exposant quelconque et le développement poussé indéfiniment. Ne considérons d'abord que la série

$$(1) \quad \begin{cases} 1 + \dfrac{m}{1}x + \dfrac{m(m-1)}{1.2}x^2 + \dfrac{m(m-1)(m-2)}{1.2.3}x^3 + \dots \\ \quad + \dfrac{m(m-1)\dots(m-n+1)}{1.2.3\dots n}x^n + \dots, \end{cases}$$

qui pour des valeurs entières de $m$ se réduit à $(1+x)^m$, et cherchons sa valeur. Pour qu'il y ait lieu de chercher sa valeur, il faut que cette série soit convergente ; or le rapport d'un terme au précédent a pour expression généra

$$\frac{m-n}{n+1}x = \frac{\dfrac{m}{n}-1}{1+\dfrac{1}{n}}.x.$$

Si l'on suppose que $n$ croisse indéfiniment, la limite de ce rapport est $x$, au signe près ; si donc le module de $x$ est moindre que 1 (n° 18), la série (1) sera convergente. Si le module de $x$ est au contraire plus grand que 1, cette série sera divergente.

Supposons donc le module de $x$ moindre que 1, et posons

$$(2) \quad \begin{cases} \varphi(m) = 1 + mx + \dfrac{m(m-1)}{1.2}x^2 + \dots \\ \quad + \dfrac{m(m-1)\dots(m-n+1)}{1.2\dots n}x^n + \dots, \end{cases}$$

d'où, changeant $m$ en $m'$,

$$(3) \quad \begin{cases} \varphi(m') = 1 + m'x + \dfrac{m'(m'-1)}{1.2}x^2 + \ldots \\[2ex] \qquad + \dfrac{m'(m'-1)\ldots(m-n+1)}{1.2\ldots n}x^n + \ldots \end{cases}$$

En vertu du n° 14, le développement de $\varphi(m) \times \varphi(m')$ pourra s'obtenir en série convergente ordonnée suivant les puissances croissantes de $x$, et dont le terme général sera

$$\left[\frac{m(m-1)\ldots(m-n+1)}{1.2.3\ldots n}\cdot 1 + \frac{m(m-1)\ldots(m-n+2)}{1.2\ldots n-1}\cdot\frac{m'}{1} + \ldots \right.$$
$$\left. + \frac{m'(m'-1)\ldots(m'-n+1)}{1.2.3\ldots n}\right] x^n.$$

Or, si l'on supposait $m$ et $m'$ entiers, $\varphi(m)$ et $\varphi(m')$ seraient respectivement égaux à $(1+x)^m$ et $(1+x)^{m'}$, et le terme général du produit $\varphi(m) \times \varphi(m')$ aurait encore la même forme que tout à l'heure. Mais si l'on observe qu'alors $\varphi(m) \times \varphi(m')$ est égal à $(1+x)^{m+m'}$ et que le terme général du développement de $(1+x)^{m+m'}$ est

$$\frac{(m+m')(m+m'-1)\ldots(m+m'-n+1)}{1.2.3\ldots n}x^n.$$

on aura, en égalant les coefficients des termes généraux dans les deux développements de la fonction entière $(1+x)^{m+m'}$,

$$\frac{m(m-1)\ldots(m-n+1)}{1.2.3\ldots n}\cdot 1 + \frac{m(m-1)\ldots(m-n+2)}{1.2\ldots n-1}\cdot\frac{m'}{1} + \ldots$$
$$+ \frac{m'(m'-1\ldots(m'-n+1)}{1.2.3\ldots n}$$
$$= \frac{(m+m')(m+m'-1)\ldots(m+m'-n+1)}{1.2.3\ldots n}.$$

Cette égalité ayant lieu pour toutes les valeurs entières de $m$ et de $m'$, c'est-à-dire pour un nombre de valeurs de ces quantités supérieur au degré des polynômes précédents, est vérifiée pour toutes les valeurs possibles de $m$ et de $m'$. Si l'on remplace dans le développement de $\varphi(m) \times \varphi(m')$ le coefficient de chaque terme par sa nouvelle valeur, il vient alors

$$\varphi(m) \times \varphi(m') = \varphi(m + m').$$

Or (*voir* Note I) toute fonction de $m$ qui satisfait à l'équation précédente est de la forme $A^m$; et si l'on observe que pour $m$ entier $\varphi(m)$ est égal à $(1+x)^m$, il vient en faisant $m = 1$

$$A = (1+x), \quad \text{d'où} \quad \varphi(m) = (1+x)^m,$$

et par suite, en vertu de l'équation (2), pour toutes les valeurs du module de $x$ moindres que $1$,

$$(4) \begin{cases} (1+x)^m = 1 + m x + \dfrac{m(m-1)}{1 \cdot 2} x^2 + \cdots \\[2mm] \qquad + \dfrac{m(m-1)\ldots(m-n+1)}{1 \cdot 2 \ldots n} x^n + \cdots \end{cases}$$

En changeant dans cette formule $x$ en $\dfrac{b}{a}$, et en multipliant les deux membres par $a^m$, on a la formule du binôme de Newton démontrée pour un exposant quelconque,

$$(5) \quad (a+b)^m = (a)^m + m(a)^{m-1} b + \frac{m(m-1)}{1 \cdot 2}(a)^{m-2} b^2 + \cdots$$

Avant d'aller plus loin, il est essentiel de chercher quelle est celle des valeurs de $(1+x)^m$ qu'il convient de choisir dans le premier membre de la formule (4). Désignons par $z$ celle des valeurs de $(1+x)^m$ qui a le plus

( 54 )

petit argument positif, ou celle qui a son argument nul,
quand il peut en être ainsi ; nous aurons en général

$$((1+x))^m = \alpha \left(\cos 2\,k\,m\,\pi + \sqrt{-1}\,\sin 2\,k\,m\,\pi\right).$$

Il s'agit de déterminer $\cos 2\,k\,m\,\pi$ et $\sin 2\,k\,m\,\pi$ de telle
sorte que $((1+x))^m$ soit égal au second membre de l'équation (4). Pour cela, observons que si nous laissons $m$
constant et que si nous faisons varier $x$, le second membre
de l'équation (4), en vertu du théorème d'Abel (n° **30**),
est une fonction continue de $x$. Il doit donc en être de
même du premier. Or $\alpha$ est évidemment une fonction
continue de $x$; donc $\cos 2\,k\,m\,\pi$ et $\sin 2\,k\,m\,\pi$ doivent varier
d'une manière continue avec $x$ ou rester constants ; mais
$k$ ne passant que par des valeurs entières, $\cos 2\,k\,m\,\pi$ ne
peut être continu : donc il est constant et $\sin 2\,k\,m\,\pi$
l'est aussi. Faisons alors $x = 0$ dans l'équation (4), le
second membre devient $1$. Il doit en être de même du
premier. Or $\alpha = 1$; donc $\cos 2\,k\,m\,\pi = 1$, $\sin 2\,k\,m\,\pi = 0$,
et cela quel que soit $x$; donc enfin la série (1) est égale à
la valeur de $((1+x))^m$ qui a le moindre argument positif.
Le sens de la formule (5) se trouve alors lui-même bien
précisé, et l'on voit que l'on met à la place de $((a))^m$ la valeur de la puissance $m$ de $a$ qui a le plus petit argument.
Il faudra prendre la valeur du premier membre qui a le
plus petit argument.

36. La formule (5) peut servir à extraire les racines
par approximation. Ainsi on a

$$\sqrt[p]{a+b} = (a+b)^{\frac{1}{p}} = a^{\frac{1}{p}} + \frac{1}{p}\,a^{\frac{1}{p}-1}\,b + \ldots$$
$$+ \frac{1}{p}\,\frac{1-p}{2p}\,\frac{1-p-1\,p}{np}\,a^{\frac{1}{p}-n}\,b^n$$

ou

$$(6)\ \sqrt[p]{a+b}=\sqrt[p]{a}\left[1+\frac{b}{pa}+\ldots\pm\frac{p(p-1)\ldots(p-n+1)}{ap.2\,ap\ldots nap}b^n\ldots\right].$$

Si $\frac{b}{a}$ est très-petit, on aura une série très-convergente, et si $\sqrt[p]{a}$ est connu, la formule (6) sera très-commode pour extraire les racines. Exemple :

$$\sqrt[2]{2}=\sqrt[2]{1,96+0,04}=1,4\left[1+\frac{4}{2.196}-\frac{1}{2}\cdot\frac{1}{4}\left(\frac{4}{196}\right)^2\ldots\right].$$

$$=1,4\left[1+\frac{1}{2.49}-\frac{1}{2}\cdot\frac{1}{4}\left(\frac{1}{49}\right)^2\ldots\right].$$

37. Si dans la formule (5) on pose

$$a=\cos x,\quad b=\sin x.\sqrt{-1},$$

et si de plus on suppose le cosinus de $x$ plus grand que son sinus, ou l'arc $x$ compris entre $-\frac{\pi}{4}$ et $+\frac{\pi}{4}$, on a

$$(\cos x+\sqrt{-1}\sin x)^m=\cos^m x+\frac{m}{1}\cos^{m-1}x\sin x\sqrt{-1}-\ldots.$$

Si alors dans cette formule on remplace le premier membre par sa valeur $\cos nx+\sqrt{-1}\sin nx$ tirée de la formule de Moivre, et si de plus on égale séparément les parties réelles et les coefficients de $\sqrt{-1}$, on a

$$(7)\left\{\begin{aligned}\cos mx&=\cos^m x-\frac{m(m-1)}{1.2}\cos^{m-2}x.\sin^2 x+\ldots\\&\pm\frac{m(m-1)\ldots(m-2n+1)}{1.2\ldots2n}\cos^{m-2n}x.\sin^{2n}x\mp\ldots,\end{aligned}\right.$$

$$(8)\left\{\begin{aligned}\sin mx&=\frac{m}{1}\cos^{m-1}x\sin x-\frac{m(m-1)(m-2)}{1.2.3}\cos^{m-3}x\sin^3 x+\ldots\\&\pm\frac{m(m-1)\ldots(m-2n)}{1.2.3\ldots2n+1}\cos^{m-2n-1}x.\sin^{2n+1}x\mp\ldots,\end{aligned}\right.$$

Ces formules développent en séries convergentes $\cos mx$ et $\sin mx$ en fonction de $\sin x$ et de $\cos x$ dans le cas où $x$ est compris entre $-\frac{\pi}{4}$ et $+\frac{\pi}{4}$. Mais ces formules sont vraies pour un arc quelconque lorsque $m$ est entier, car dans ce cas la formule du binôme ne comporte aucune restriction.

En divisant la formule (8) par la formule (7), membre à membre, il vient, en supprimant le facteur $\cos^m x$ aux deux termes de la fraction qui se trouve dans le second membre de l'équation résultante,

$$(9)\qquad \operatorname{tang} mx = \frac{1 - \dfrac{m(m-1)}{1.2}\operatorname{tang}^{m-2} x + \ldots \pm \dfrac{m(m-1)\ldots(m-2n+1)}{1.2\ldots 2n}\operatorname{tang}^{2n} x \mp \ldots}{\dfrac{m}{1}\operatorname{tang} x - \dfrac{m(m-1)(m-2)}{1.2.3}\operatorname{tang}^3 x - \ldots \pm \dfrac{m(m-1)\ldots(m-2n)}{1.2\ldots 2n+1}\operatorname{tang}^{2n+1} x \mp \ldots},$$

formule qui a lieu pour toutes les valeurs de $x$ comprises entre $\frac{\pi}{4}$ et $+\frac{\pi}{4}$, et qui est générale quand on suppose $m$ entier.

38. Les racines de l'équation du troisième degré

$$x^3 + px + q = 0,$$

qui sont données par la formule de Cardan, sont réelles quand $\frac{q^2}{4} - \frac{p^3}{27}$ est négatif; mais dans ce dernier cas ces racines se présentent embarrassées d'imaginaires La formule du binôme fait disparaître complétement ces imaginaires. Si en effet dans les valeurs de $x$,

$$x = \sqrt[3]{-\frac{q}{2} + \sqrt{\frac{q^2}{4} - \frac{p^3}{27}}} + \sqrt[3]{-\frac{q}{2} - \sqrt{\frac{q^2}{4} - \frac{p^3}{27}}},$$

on développe les radicaux cubiques en série, en considérant les quantités sous ces radicaux comme des binômes dont les parties seraient $-\frac{q}{2}$ et $\pm\sqrt{\frac{q^2}{4} - \frac{p^3}{27}}$, on obtient

$$(9)\quad \sqrt[3]{-\frac{q}{2} + \sqrt{\frac{q^2}{4} - \frac{p^3}{27}}} = \left(-\frac{q}{2}\right)^{\frac{1}{3}} + \frac{1}{3}\left(-\frac{q}{2}\right)^{-\frac{2}{3}}\left(\frac{q^2}{4} - \frac{p^3}{27}\right)^{\frac{1}{2}}$$
$$- \frac{1.2}{3.6}\left(-\frac{q}{2}\right)^{-\frac{5}{3}}\left(\frac{q^2}{4} - \frac{p^3}{27}\right)^{\frac{2}{2}} + \dots,$$

$$(10)\quad \sqrt[3]{-\frac{q}{2} - \sqrt{\frac{q^2}{4} - \frac{p^3}{27}}} = \left(-\frac{q}{2}\right)^{\frac{1}{3}} - \frac{1}{3}\left(-\frac{q}{2}\right)^{-\frac{2}{3}}\left(\frac{q^2}{4} - \frac{p^3}{27}\right)^{\frac{1}{2}}$$
$$\pm \frac{1.2}{3.6}\left(-\frac{q}{2}\right)^{-\frac{5}{3}}\left(\frac{q^2}{4} - \frac{p^3}{27}\right)^{\frac{2}{2}} - \dots$$

Si l'on ajoute ces deux égalités on trouve pour $x$ une valeur réelle, car les termes qui contiennent le radical $\sqrt{\frac{q^2}{4} - \frac{p^3}{27}}$ aux puissances impaires, sont égaux et de signes contraires. La formule de Cardan donne encore deux autres racines, en attribuant aux radicaux cubiques des valeurs convenables. Si, par exemple, on multiplie le premier par la racine cubique de 1 qui est égale à $\dfrac{-1 - \sqrt{-3}}{2}$ et le second par l'autre racine cubique de 1 $\dfrac{-1 + \sqrt{-3}}{2}$, on voit encore que $x$ aura une valeur réelle, car les séries (9) et (10), multipliées chacune par $-\frac{1}{2}$ et ajoutées, donnent un résultat réel. Et si l'on multiplie l'une par $-\frac{\sqrt{-1}\cdot\sqrt{3}}{2}$ et l'autre par $+\frac{\sqrt{-1}\cdot\sqrt{3}}{2}$, on aura, en ajoutant, encore un résultat réel.

Nous avons effectué le développement par la formule du binôme, comme si $\sqrt{\frac{q^2}{4}-\frac{p^3}{27}}$ eût été moindre que $-\frac{q}{2}$ en valeur absolue ; mais il est facile de s'assurer que les résultats sont encore les mêmes dans l'hypothèse contraire, du moins quant à la réalité des racines.

## SÉRIES RÉCURRENTES.

39. On appelle *série récurrente* une série dans laquelle un terme quelconque s'exprime linéairement en fonction des $m$ précédents, à l'aide d'une relation constante. Moivre est le premier qui ait étudié les propriétés de cette espèce de séries.

L'ensemble des coefficients de la fonction à l'aide de laquelle un terme s'exprime linéairement au moyen des $m$ précédents, s'appelle *l'échelle de relation* de la série.

Considérons la série récurrente

$$(1) \qquad u_1 + u_2 + \ldots + u_n + \ldots$$

Soit $a_0, a_1, \ldots, a_m$ l'échelle de relation. Proposons-nous de calculer la somme $s$ des $n$ premiers termes de la série. La méthode que nous allons exposer est celle de Th. Simpson.

L'échelle de relation étant $a_1, a_2, a_3, \ldots, a_n$, on a par définition :

$$\begin{cases} u_{m+1} = a_0 + a_1 u_1 + a_2 u_2 + \ldots + a_m u_m ; \\ u_{m+2} = a_0 + a_1 u_2 + a_2 u_3 + \ldots + a_m u_{m+1}, \\ \cdots\cdots\cdots\cdots\cdots\cdots\cdots\cdots\cdots\cdots \\ u_n = a_0 + a_1 u_{n-m} + a_2 u_{n-m+1} + \ldots + a_m u_{n-1} . \end{cases} \quad (2)$$

Si nous ajoutons ces équations, il vient

$$s - \sum_1^m u_1 = (n-m) a_0 + a_1 \left( s - \sum_{n-m+1}^n u \right) + a_2 \left( s - u_1 - \sum_{n-m+2}^n u \right) + \ldots + a_m \left( s - \sum_1^{m-1} u - u_n \right) ,$$

d'où nous tirons

$$(3) \quad s = \frac{a_1 \sum_{n-m+1}^n u + a_2 \sum_{n-m+2}^n u + \ldots + a_m u_m + a_2 u_1 + a_3 (u_1 + u_2) + \ldots + a_m \sum_1^{m-1} u - \sum_1^m u - (n-m) a_0}{\sum_1^m a - 1}$$

Supposons maintenant $n = \infty$ dans cette formule, et nous aurons la valeur $s$ de la série supposée convergente :

$$(4) \quad s = \frac{a_2 u_1 + a_3 (u_1 + u_2) + \ldots + a_m \sum_1^{m-1} u - \sum_1^m u - (n-m) a_0}{\sum_1^m a - 1} .$$

La formule (3) montre que la somme $s$ des $n$ premiers termes de la série ne dépend que des $m$ premiers termes et des $m$ derniers termes considérés. La formule (4) montre que la valeur de la série tout entière supposée convergente ne dépend que des $m$ premiers termes; en outre, nous voyons que si la série proposée est ordonnée par rapport aux puissances croissantes d'une même variable $x$, sa valeur sera une fonction rationnelle de $x$.

En effet, les termes de la série (1) étant de la forme $p_n x^n$, si nous considérons $m$ des équations (2), en les résolvant par rapport à $a_1, a_2, \ldots, a_m$, nous trouverons pour ces quantités, en vertu des règles de Cramer, des fonctions rationnelles de $u_1, u_2, u_3, \ldots$, c'est-à-dire de $x$. En substituant dans la formule (4) à la place de $a_1, a_2, a_3, \ldots$ et de $u_1, u_2, u_3, \ldots$, des fonctions rationnelles de $x$ on tombe nécessairement sur une fonction rationnelle de $x$, ce qui démontre la proposition que nous avions avancée.

40. Nous venons de voir que toute série récurrente ordonnée par rapport aux puissances croissantes de $x$ est le développement d'une fonction rationnelle de $x$, nous allons actuellement démontrer la proposition réciproque :

*Toute fonction rationnelle de $x$ peut être développée en série récurrente ordonnée suivant les puissances croissantes de $x$.*

En effet, considérons la fonction rationnelle

$$\frac{p_0 + p_1 x + \ldots + p_\mu x^\mu}{q_0 + q_1 x + \ldots + q_\nu x^\nu},$$

et effectuons la division du numérateur par le dénominateur, à l'aide des procédés indiqués dans les Éléments d'Algèbre, et arrêtons-nous à un reste R qui, pour fixer les idées, sera du degré $m$, mais qui ne contiendra pas de termes d'un degré inférieur à $m - \nu$ ; la fonction considérée pourra alors se mettre sous la forme

$$(1) \quad \begin{cases} \dfrac{p_0 + p_1 x + \ldots + p_\mu x^\mu}{q_0 + q_1 x + q_2 x^2 + \ldots + q_\nu x^\nu} = A_0 + A_1 x + \ldots + A_n x^n + \ldots \\[2ex] \qquad\qquad + \dfrac{R}{q_0 + q_1 x \ldots + q_\nu x^\nu} . \end{cases}$$

Nous allons maintenant déterminer les coefficients $A_0, A_1, \ldots$ par une autre méthode que celle de la division, afin d'éviter la réduction des termes semblables, et de pouvoir découvrir la loi de formation du quotient. Pour y parvenir, multiplions les deux membres de l'équation précédente par $q_0 + q_1 x + \ldots + q_\nu x^\nu$, le coefficient de $x^n$ dans le second membre de l'équation qui résultera de cette opération, sera

$$A_n q_0 + A_{n-1} q_1 + A_{n-2} q_2 + \ldots + A_{n-\nu} q_\nu .$$

Si donc $n$ est plus grand que $\mu$, les coefficients des mêmes puissances de $x$ devant être égaux dans les deux membres, on devra avoir

$$A_n q_0 + A_{n-1} q_1 + \ldots + A_{n-\nu} q_\nu = 0 ,$$

d'où l'on tire

$$A_n = - \left( A_{n-1} \frac{q_1}{q_0} + A_{n-2} \frac{q_2}{q_0} \ldots + A_{n-\nu} \frac{q_\nu}{q_0} \right) ,$$

et par suite

$$(2) \quad \begin{cases} A_n x^n = A_{n-1} x^{n-1} \left( - \dfrac{q_1}{q_0} x \right) + A_{n-2} x^{n-2} \left( - \dfrac{q_2}{q_0} x^2 \right) + \ldots \\[2ex] \qquad\qquad + A_{n-\nu} x^{n-\nu} \left( - \dfrac{q_\nu}{q_0} x^\nu \right) . \end{cases}$$

Cette égalité montre qu'un terme quelconque du quotient de la division de $q_0 + p_1 x + \ldots + p_\mu x^\mu$ par $q_0 + q_1 x + \ldots + q_\nu x^\nu$, lorsqu'il est de degré supérieur à $\mu$, s'exprime linéairement en fonction des $\nu$ termes précédents; en d'autres termes, si R tend vers zéro, le quotient prolongé indéfiniment donnera une série convergente qui, comme on voit, sera récurrente.

41. Nous n'avons jusqu'ici considéré que des séries ordonnées suivant les puissances croissantes d'une même variable ; il est facile de voir que les théorèmes que nous venons de démontrer sur les séries ordonnées suivant les puissances croissantes sont encore vrais pour les séries ordonnées suivant les puissances décroissantes d'une même variable.

C'est ce que nous allons démontrer :

1° Toute série recurrente convergente ordonnée suivant les puissances décroissantes d'une même variable est le développement d'une fonction rationnelle.

En effet, soit $x$ la lettre ordonnatrice; si l'on pose $\frac{1}{x} = y$, on aura une série ordonnée suivant les puissances croissantes de $y$; sa valeur sera une fonction rationnelle de $y$ et par suite de $x$.

2° Si l'on développe une fonction rationnelle en série ordonnée suivant les puissances décroissantes de sa variable, on obtient une série récurrente.

En effet, soit $\dfrac{p_0 + p_1 x + \ldots + p_\mu x^\mu}{q_0 + q_1 x + \ldots + q_\nu x^\nu}$ une fonction rationnelle de $x$ : si nous posons $x = \frac{1}{y}$, la fonction proposée devient

$$\frac{p_0 y^\nu + p_1 y^{\nu-1} + \ldots + p_\mu y^{\nu-\mu}}{q_0 y^\nu + q_1 y^{\nu-1} + \ldots + q_\nu}$$

et peut alors être développée en une série ordonnée par rapport aux puissances croissantes de $y$ et récurrente; l'échelle de relation est

$$-\frac{q_{\nu-1}}{q_\nu} y, \quad -\frac{q_{\nu-2}}{q_\nu} y^2 - \ldots = \frac{q_0}{q_\nu} y^\nu.$$

Ce qui revient à dire que la fonction proposée peut être développée en série récurrente, quand cette série doit être ordonnée par rapport aux puissances décroissantes de $x$. Ce qu'il fallait démontrer.

42. Ces propriétés des séries récurrentes une fois connues, proposons-nous de résoudre le problème suivant :

*Trouver le terme général d'une série récurrente.*

Si l'on donne la fonction génératrice, qui est, d'après ce que nous avons vu, une fraction rationnelle, on peut la décomposer en un polynôme entier $F(x)$ et en fractions simples de la forme $\dfrac{A}{(x-a)^n}$. Si l'on appelle $k_m$ le coefficient de $x^m$ dans $F(x)$ et si l'on développe les fractions de la forme $\dfrac{A}{(x-a)^m}$ en séries par la formule du binôme, on trouve l'expression suivante du terme général de la série :

$$\left[ k_m + \sum (-1)^n \frac{n(n+1)(n+2) + \ldots (n+m-1)}{1,2\ldots m} a^{n-m} \right] x^m.$$

[Pour appliquer la formule du binôme à l'expression

$\dfrac{A}{(x-a)^n}$, on la met d'abord sous la forme $A(-1)^n (a-x)^{-n}]$.

On voit que, pour qu'une fonction rationnelle puisse être développée en série convergente ordonnée suivant les puissances croissantes de sa variable, il faut que les valeurs de cette variable aient des modules inférieurs au module minimum des racines de son dénominateur, car, s'il n'en était pas ainsi, la formule du binôme donnerait des séries divergentes. Il résulte d'un théorème de Cauchy, dont nous ne donnerons pas ici la démonstration, que si la méthode que nous venons d'indiquer ne donne pas de série convergente, ordonnée par rapport aux puissances croissantes de $x$, aucune n'en donnera.

La même théorie s'applique au cas d'un développement ordonné suivant les puissances décroissantes de $x$, et on voit dans ce cas que le développement sera toujours convergent si le module de $x$ est supérieur au module maximum des racines du dénominateur de la fonction proposée.

43. Il est important de remarquer que le développement d'une fraction rationnelle en série ordonnée suivant les puissances croissantes de $x$ ne peut se faire que d'une seule manière en vertu de ce qui a été dit au n° 33 ; ainsi le procédé que l'on emploiera pour opérer le développement n'influera nullement sur le résultat, qui pourra se présenter sous des formes différentes en apparence, mais identiques au fond en ce sens que les coefficients des diverses puissances de la variable devront être égaux.

44. Pour terminer ce qui est relatif aux séries récurrentes, il reste à montrer comment on peut sommer une série récurrente quand on ne connaît pas l'échelle de re-

lation. Prenons un exemple, et proposons-nous de trouver la valeur de la série

$$(1) \quad 1 + 2^2 x + 3^2 x^2 + 4^2 x^3 + 5^2 x^4 + \ldots + n^2 x^{n-1} + \ldots$$

Le procédé que nous allons employer est dû à Lagrange : il permet en même temps, jusqu'à un certain point, de reconnaître si cette série est réellement récurrente. Je dis *jusqu'à un certain point*, parce que, lorsqu'une série est récurrente, la suite des calculs finit nécessairement par le montrer ; quand, au contraire, elle ne l'est pas, on ne parvient pas à s'en assurer complétement.

Il est facile de s'assurer d'abord que la série proposée est convergente quand $x$ a un module moindre que 1, car alors le module du rapport d'un terme au précédent a une limite moindre que 1. Cela posé, soit $s$ la valeur de cette série, et posons d'abord

$$s = \frac{x}{a + bx},$$

ou

$$\frac{1}{s} = \frac{a}{x} + \frac{b}{x} x.$$

Si donc $s$ est de la forme que nous venons de lui assigner, $\frac{1}{s}$ sera un polynôme du premier degré. Si nous effectuons la division, nous voyons qu'elle ne se fait pas exactement ; alors nous essayons la formule

$$s = \frac{x + \beta x}{a + bx + cx^2},$$

d'où

$$\frac{1}{s} = px + qx + \frac{cx^2}{x + \beta x}$$

5

On voit que dans cette seconde hypothèse, après avoir trouvé un quotient du premier degré, le reste divisé par le diviseur sera de la forme $\dfrac{rx^2}{\alpha + \beta.x}$. Il faudra alors essayer si cette quantité qui se présente sous la forme $\dfrac{x^2\varphi(x)}{s}$ est telle, que $\dfrac{s}{\varphi(x)}$ soit un polynôme du premier degré; or on trouve

$$\frac{1}{s} = 1 - 2^2 x + x^2 \frac{2^4 - 3^2 + (2^3 . 3^2 - 4^2).x + \dots}{1 + 2^2 x + 3^2 x^2 + \dots},$$

et en divisant

$$1 + 2^2 x + 3^2 x^2 + \dots \quad \text{par} \quad 2^4 - 3^2 + (2^3 . 3^2 - 3^2)x + \dots,$$

on ne trouve pas de polynôme du premier degré pour quotient.

On essaye alors la formule

$$s = \frac{\alpha + \beta.x + \gamma.x^2}{a + bx + cx^2 + dx^3},$$

ou

$$\frac{1}{s} = n + px + qx^2 + x^3 \cdot \frac{r}{\alpha + \beta.x + \gamma.x^2}.$$

On voit que si l'hypothèse précédente est admissible, $\dfrac{1}{s}$ se composera d'un polynôme du second degré plus d'un reste de la forme $x^3 \dfrac{\varphi(x)}{s}$ tel, que $\dfrac{s}{\varphi(x)}$ soit un polynôme du second degré; or on trouve

$$\frac{1}{s} = 1 - 2^2 x + (2^4 - 3^2)x^2 - x^3 \frac{8(1 + 3x + 6x^2 + 10x^3 + \dots)}{1 + 2^2 x + 3^2 x^2 + \dots},$$

ou

$$\frac{1}{s} = 1 - 2^2 x + (2^4 - 3^2)x^2 - \dots \frac{8x^3}{1 + x}.$$

On tire de là

$$\frac{1}{s} = \frac{1 - 3x + 3x^2 - 3x}{1 + x} = \frac{(1 - x)^3}{1 + x},$$

d'où

$$S = \frac{1 + x}{(1 - x)^3}.$$

Cette méthode, comme on voit, quoique très-générale, est excessivement pénible. Le calcul intégral en fournit d'autres bien plus commodes, mais que nous ne pouvons pas exposer ici.

## SÉRIES EXPONENTIELLES.

$$\text{LIMITE DE} \left( 1 + \frac{x}{m} \right)^m.$$

45. C'est à Euler que nous devons le développement de la fonction exponentielle $a^x$ en série ordonnée suivant les puissances croissantes de $x$. En étudiant la base des logarithmes dont Néper avait dressé une table, il fut d'abord conduit à chercher la limite de l'expression

$$\left( 1 + \frac{x}{m} \right)^m \quad \text{pour} \quad m = \infty.$$

Nous allons suivre pas à pas les recherches de ce grand géomètre, en nous réservant toutefois de rendre ses théories plus rigoureuses et plus générales, et nous allons chercher la limite de

$$\left( 1 + \frac{x}{m} \right)^m,$$

dans laquelle $x$ représente une quantité quelconque,

réelle ou imaginaire, et $m$ un nombre qui croît indéfiniment en restant constamment positif.

Développons avec Euler $\left(1 + \dfrac{x}{m}\right)^m$ par la formule du binôme, il vient, en supposant le module de $x$ plus petit que $m$,

$$\left(1 + \frac{x}{m}\right)^m = 1 + x + \frac{m(m-1)}{1\cdot 2}\frac{x^2}{m^2} + \cdots$$
$$+ \frac{m(m-1)\ldots(m-n+1)}{1\cdot 2\cdot 3\ldots n}\frac{x^n}{m^n} + \cdots,$$

ou

$$(1)\quad \left(1 + \frac{x}{m}\right)^m = 1 + x + \frac{\left(1 - \dfrac{1}{m}\right)x^2}{1\cdot 2}\frac{}{m^2} + \cdots$$
$$+ \frac{\left(1 - \dfrac{1}{m}\right)\left(1 - \dfrac{2}{m}\right)\cdots\left(1 - \dfrac{n-1}{m}\right)}{1\cdot 2\cdot 3\ldots n}\frac{x^n}{m^n} + \cdots$$

Euler se hâta trop vite de conclure de cette équation

$$(2)\quad \lim\left(1 + \frac{x}{m}\right)^m = 1 + x + \frac{x^2}{1\cdot 2} + \frac{x^3}{1\cdot 2\cdot 3} + \cdots + \frac{x^n}{1\cdot 2\cdot 3\ldots n} + \cdots$$

Cauchy est le premier qui ait relevé la faute commise par Euler ; il fit remarquer : 1° que la série qui compose le second membre de l'équation (2) est convergente, puisque le rapport d'un terme au précédent a pour expression générale $\dfrac{x}{n}$, quantité qui a pour limite zéro, chose qu'Euler néglige de faire observer, parce que de son temps on ne s'inquiétait jamais de la convergence d'une série lorsqu'il ne s'agissait pas d'en calculer directement la valeur ; 2° que le second membre de l'équation (1) se composant d'une infinité de termes, sa limite n'est pas égale à la somme des limites de chacun de ses termes :

$3^\circ$ que parmi les termes du développement de $\left(1 + \dfrac{x}{m}\right)^{m}$, ceux qui suivent le $n^{ième}$ se composant d'une infinité de facteurs, le théorème des limites ne leur est pas non plus applicable.

Pour trouver la limite du second membre de l'équation (1), il est nécessaire de démontrer auparavant le lemme suivant :

**16.** *Si* $\alpha_1$, $\alpha_2$, ..., $\alpha_n$ *sont des nombres moindres que* 1, *mais positifs, on aura*

$$1 > (1 - \alpha_1)(1 - \alpha_2) \ldots (1 - \alpha_n) > 1 - (\alpha_1 + \alpha_2 + \ldots + \alpha_n)$$

Pour le démontrer, nous supposerons

$$\alpha_1 + \alpha_2 + \ldots + \alpha_n < 1,$$

sans quoi le théorème serait évident, et nous remarquerons d'abord que si l'on fait le produit de deux des binômes, on a

$$(1 - \alpha_1)(1 - \alpha_2) = 1 - (\alpha_1 + \alpha_2) + \alpha_1 \alpha_2,$$

c'est-à-dire

$$(3) \qquad (1 - \alpha_1)(1 - \alpha_2) > 1 - (\alpha_1 + \alpha_2).$$

Le théorème est donc vrai pour le cas de deux facteurs binômes ; alors si l'on remarque que $\alpha_1 + \alpha_2 + \ldots + \alpha_n$ est plus petit que 1, et par conséquent que $\alpha_1 + \alpha_2$ est aussi plus petit que 1, on pourra appliquer la formule précédente au produit des deux facteurs $(1 - \alpha_3)$, $(1 - \overline{\alpha_1 + \alpha_2})$, et si l'on multiplie par $(1 - \alpha_3)$ les deux membres de l'inégalité (3), on aura

$$(1 - \alpha_1)(1 - \alpha_2)(1 - \alpha_3) > 1 - (\alpha_1 + \alpha_2 + \alpha_3).$$

en multipliant les deux membres de cette nouvelle égalité par $(1 - \alpha_4)$, il vient

$$(1-\alpha_1)(1-\alpha_2)(1-\alpha_3)(1-\alpha_4) > 1 - (\alpha_1 + \alpha_2 + \alpha_3 + \alpha_4),$$

et ainsi de suite.

47. Cela posé, tant que $n - 1$ reste inférieur à $m$, on a, en vertu du lemme que nous venons de démontrer,

$$1 > \left(1 - \frac{1}{m}\right)\left(1 - \frac{2}{m}\right)\cdots\left(1 - \frac{n-1}{m}\right) > 1 - \frac{1}{m}(1 + 2 + \ldots + n - 1)$$

ou

$$1 > \left(1 - \frac{1}{m}\right)\left(1 - \frac{2}{m}\right)\cdots\left(1 - \frac{n-1}{m}\right) > 1 - \frac{n(n-1)}{2m}.$$

Par suite, il existera un nombre $\theta_{n-2}$ compris entre $0$ et $1$ satisfaisant à l'égalité

$$\left(1 - \frac{1}{m}\right)\left(1 - \frac{2}{m}\right)\cdots\left(1 - \frac{n-1}{m}\right) = 1 - \theta_{n-2}\frac{n(n-1)}{2m}.$$

Soit alors $p - 1$ le nombre entier immédiatement inférieur à $m$. l'égalité (1) devient, en vertu de la relation précédente,

$$(4)\begin{cases} \left(1 + \dfrac{x}{m}\right)^m = 1 + \dfrac{x}{1} + \left(\dfrac{x^2}{1.2} - \theta_n\dfrac{x^2}{2m}\right) + \ldots \\[2ex] \qquad + \left(\dfrac{x^n}{1.2.3\ldots n} - \dfrac{x^{n-2}}{1.2.3\ldots n-2}\cdot\dfrac{\theta_{n-2}x^2}{2m}\right) + \ldots \\[2ex] \qquad + \left(\dfrac{x^p}{1.2.3\ldots p} - \dfrac{x^{p-2}}{1.2.3\ldots p-2}\cdot\dfrac{\theta_{p-2}x^2}{2m}\right) + R. \end{cases}$$

R désigne ici la série

$$\frac{x^{p+1}}{1.2.3\ldots p+1}\left(1 - \frac{1}{m}\right)\cdots\left(1 - \frac{p}{m}\right)$$

$$+ \frac{x^{p+2}}{1.2.3\ldots p+2}\left(1 - \frac{1}{m}\right)\cdots\left(1 - \frac{p+1}{m}\right) + \ldots$$

Remplaçons, dans cette expression de R, $x$ par son module $r$, et prenons tous les termes en valeur absolue, nous obtiendrons un nombre plus grand que le module de R, qui sera la valeur de la série :

$$- \frac{r^{p+1}}{1.2.3\ldots p+1}\left(1-\frac{1}{m}\right)\cdots\left(1-\frac{p}{m}\right)$$
$$+ \frac{r^{p+2}}{1.2.3\ldots p+2}\left(1-\frac{1}{m}\right)\cdots\left(1-\frac{p+1}{m}\right) - \ldots$$

Cette série a ses termes respectivement plus petits que ceux de la progression

$$\frac{r^{p}}{1.2.3\ldots p}\cdot\frac{r}{m} + \frac{r^{p}}{1.2.3\ldots p}\cdot\frac{r^2}{m^2} + \ldots$$

Sa valeur est donc moindre que $\dfrac{r^{p}}{1.2.3\ldots p}\cdot\dfrac{r}{m-r}$, quantité qui tend vers zéro quand $m$ et $p$ augmentent indéfiniment. Il résulte de là que le module de R a pour limite zéro et que R lui-même a pour limite zéro quand $m$ augmente indéfiniment.

Reportons-nous alors à l'égalité (4); on peut l'écrire de la manière suivante :

$$(5)\quad \left\{\begin{aligned}\left(1+\frac{x}{m}\right)^{m} &= 1 + \frac{x}{1} + \frac{x^2}{1.2} + \ldots + \frac{x^{p}}{1.2.3\ldots p}\\ &\quad - \frac{x^2}{2m}\left(\theta_0 + \theta_1\frac{x}{1} + \ldots + \frac{\theta_{p-1}x^{p-2}}{1.2.3\ldots p-2}\right) + R.\end{aligned}\right.$$

Remarquons alors que la série

$$1 + \frac{x}{1} + \frac{x^2}{1.2} + \ldots + \frac{x^{p}}{1.2.3\ldots p} + \ldots$$

étant convergente, la suivante

$$\theta_0 + \theta_1\frac{x}{1} + \ldots + \frac{\theta_{p}\ldots x^{p-1}}{1.2.3\ldots p-2} + \ldots$$

le sera aussi ; par suite

$$\theta_0 + \theta_1 \frac{x}{1} + \ldots + \frac{\theta_{p-2} \, x^{p-2}}{1 \cdot 2 \cdot 3 \ldots p - 2}$$

aura une valeur finie quand $p$ augmentera indéfiniment, et le produit de cette quantité par $\dfrac{x^2}{2\,m}$ aura pour limite zéro. Si donc enfin nous faisons tendre $m$ vers l'infini dans la formule (5), il restera

$$(6) \quad \begin{cases} \lim \left(1 + \dfrac{x}{m}\right)^m = 1 + \dfrac{x}{1} + \dfrac{x^2}{1 \cdot 2} + \dfrac{x^3}{1 \cdot 2 \cdot 3} + \ldots \\[2ex] \qquad\qquad + \dfrac{x^n}{1 \cdot 2 \cdot 3 \ldots n} + \ldots \end{cases}$$

Il résulte de cette égalité que la quantité $\left(1 + \dfrac{1}{m}\right)^m$ a une limite finie, qui est la valeur de la série

$$1 + \frac{1}{1} + \frac{1}{1 \cdot 2} + \frac{1}{1 \cdot 2 \cdot 3} + \ldots + \frac{1}{1 \cdot 2 \cdot 3 \ldots n} + \ldots$$

Désignons avec Euler par $e$ la valeur de cette série, nous aurons

$$\lim \left(1 + \frac{1}{m}\right)^m = e.$$

Le nombre $e$ est la base du système de logarithmes que Néper avait choisi. Les logarithmes pris dans la base $e$ sont ceux qui se présentent le plus naturellement en analyse, et ce sont ceux que nous emploierons dorénavant dans nos calculs, à moins de prévenir du contraire ; nous les désignerons simplement par la caractéristique l. On appelle ces logarithmes *népériens*, du nom de leur inventeur, ou *hyperboliques*, parce qu'ils servent à évaluer l'aire de la courbe appelée *hyperbole équilatère*. Enfin on leur donne aussi quelquefois le nom de *logarithmes naturels*, parce que ce sont ceux qui donnent lieu, comme nous le verrons dans la suite, aux calculs les plus simples au point de vue algébrique.

DU NOMBRE $e$.

**48.** Dans tout ce qui va suivre, nous verrons quel rôle important joue le nombre $e$; cela nous oblige à étudier la nature de ce nombre et à en calculer la valeur approchée. Je dis *approchée,* parce que ce nombre est incommensurable; c'est ce que nous allons démontrer.

On a

$$e = 1 + \frac{1}{1} + \frac{1}{1.2} + \ldots + \frac{1}{1.2\ 3\ldots n} + \ldots$$

Si $e$ était commensurable, on pourrait le mettre sous la forme $\frac{p}{q}$, $p$ et $q$ étant deux entiers, et on aurait alors

$$\frac{p}{q} = 1 + \frac{1}{1} + \ldots + \frac{1}{1.2.3\ldots q} + \frac{1}{1.2.3\ldots q+1} + \ldots,$$

d'où, multipliant par $1.2.3\ldots q$ les deux membres de cette égalité,

$$(1) \quad 1.2.3\ldots \overline{q-1}.p = N + \frac{1}{q+1} + \frac{1}{q+1.q+2} + \ldots,$$

N désignant un nombre entier. Or on a

$$\frac{1}{q+1} + \frac{1}{q+1.q+2} + \ldots < \frac{1}{q+1} + \frac{1}{(q+1)^2} + \ldots$$

ou

$$(2) \qquad \frac{1}{q+1} + \frac{1}{q+1.q+2} + \ldots < \frac{1}{q}$$

Le second membre de la formule (1) est donc égal à un entier N plus une fraction moindre que $\frac{1}{q}$; le premier membre au contraire est entier : il ne peut donc y avoir égalité, ce qui prouve que nous sommes partis d'un principe faux, en admettant que $e$ était de la forme $\frac{p}{q}$, c'est-à-dire commensurable. Le nombre $e$ ne saurait non plus être racine d'une équation du second degré à coefficients rationnels; car s'il en était ainsi, on devrait avoir

$$ae^2 + be + c = 0,$$

$a$, $b$, $c$ désignant des entiers, ou

$$ae + ce^{-1} + b = 0$$

ou [ voir n° 49, formule (2) ]

$$a \left( 1 + \frac{1}{1} + \frac{1}{1 \cdot 2} + \ldots + \frac{1}{1 \cdot 2 \cdot 3 \ldots q} + \ldots \right)$$
$$+ c \left( \frac{1}{1} - \frac{1}{1} + \frac{1}{1 \cdot 2} - \ldots \right) = - b.$$

Multiplions les deux membres par $1 \cdot 2 \cdot 3 \ldots q$, on a

$$(3) \quad \begin{cases} N + a \left( \dfrac{1}{q+1} + \dfrac{1}{q+1 \cdot q+2} + \ldots \right) \\ \pm c \left( \dfrac{1}{q+1} - \dfrac{1}{q+1 \cdot q+2} + \ldots \right) = N'; \end{cases}$$

or, en vertu de la formule (2), on peut prendre $q$ assez grand pour que

$$a \left( \frac{1}{q+1} + \frac{1}{q+1 \cdot q+2} + \ldots \right)$$
$$\pm c \left( \frac{1}{q+1} - \frac{1}{q+1 \cdot q+2} - \ldots \right),$$

qui est moindre que $\frac{a}{q} \pm \frac{c}{q}$, soit plus petit que $1$; alors dans l'égalité (3) le second membre est entier, et le premier fractionnaire, ce qui prouve que l'hypothèse dont on est parti est fausse.

Il ne faut pas s'attendre non plus à trouver le nombre $e$ par l'extraction d'une racine quelconque d'un nombre entier, car il serait facile de démontrer que si $x$ est entier, la série $e^x$ est le développement d'un nombre incommensurable. Nous laissons au lecteur le soin de faire cette démonstration.

Puisque le nombre $e$ est incommensurable, la sommation approchée de la série

$$1 + \frac{1}{1} + \frac{1}{1.2} + \frac{1}{1.2.3} + \dots + \frac{1}{1.2\dots n} + \dots,$$

nous fournira une valeur aussi approchée que nous voudrons du nombre $e$. Si, par exemple, nous prenons $n+1$ termes dans la série, l'erreur commise sera moindre que

$$\frac{1}{1.2\dots n+1} + \frac{1}{1.2\dots n+2} + \dots$$

$$< \frac{1}{1.2\dots n}\left[ \frac{1}{n+1} + \frac{1}{(n+1)(n+2)} + \dots \right],$$

et en vertu de la formule (2) moindre que

$$\frac{1}{1.2.3\dots n} \cdot \frac{1}{n},$$

c'est-à-dire que le dernier terme employé divisé par le nombre des termes employés moins un. Si donc nous voulons avoir le nombre $e$ à moins de $\frac{1}{m}$ près, il suffit de calculer successivement tous les termes de la série, en nous arrêtant au premier terme moindre que $\frac{1}{m}$ et en calculant tous les termes de la série à moins de $\dfrac{1}{m(n.10)}$ près, $n$ désignant le nombre de termes que l'on aura été obligé de prendre, car l'erreur totale sera moindre que $\dfrac{1}{10\,m} + \dfrac{1}{n \times m}$, ce qui est moindre que $\dfrac{1}{m}$; le tout est de savoir combien il faudra prendre de termes pour que le $n^{i\text{ème}}$, qui est $\dfrac{1}{1.2\ldots n-1}$, soit moindre que $\dfrac{1}{m}$. Pour résoudre la question, il suffit de prendre

$$1.2.3\ldots \overline{n-1} > m,$$

inégalité à laquelle la sagacité du calculateur satisfera le plus commodément qu'elle pourra; cette inégalité, du reste, est satisfaite pour $n-1 > m$.

En opérant ainsi, on trouve

$$c = 2,71828\ 18284\ 59045\ \ldots$$

### DÉVELOPPEMENT DE $a^x$.

49. Reprenons la formule trouvée par Euler (47) :

$$(1)\quad \lim\left(1+\frac{x}{m}\right)^m = 1 + \frac{x}{1} + \frac{x^2}{1.2} + \frac{x^3}{1.2.3} + \ldots + \frac{x^n}{1.2.3\ldots n} + \ldots,$$

on a en supposant $x$ réel

$$\lim\left(1+\frac{x}{m}\right)^m = \lim\left[\left(1+\frac{x}{m}\right)^{\frac{m}{x}}\right]^x,$$

ou, d'après la définition même du nombre $c$ (47),

$$\lim\left(1+\frac{x}{m}\right)^m = c^x.$$

La formule (1) devient alors

$$(2) \qquad e^x = 1 + \frac{x}{1} + \frac{x^2}{1.2} + \dots + \frac{x^n}{1.2.3\dots n} + \dots$$

Si l'on désigne alors par $l\,a$ le logarithme de $a$ dans la base $e$, ou le logarithme népérien de $a$, on a, en supposant $a$ positif,

$$a^x = e^{x\,l\,a},$$

et, en vertu de la formule (2),

$$(3) \qquad a^x = 1 + \frac{x\,l\,a}{1} + \frac{x^2\,l^2\,a}{1.2} + \dots + \frac{x^n\,l^n\,a}{1.2.3\dots n} + \dots$$

Les formules (2) et (3) sont dues à Euler.

## EXPONENTIELLES IMAGINAIRES.

50. Reprenons la formule (3) du numéro précédent :

$$(1) \qquad a^x = 1 + \frac{x\,l\,a}{1} + \dots + \frac{x^n\,l^n\,a}{1.2.3\dots n} + \dots$$

Si l'on considère attentivement cette formule, on sera frappé d'un fait qui au premier abord semblera très-singulier et même absurde : tant que $x$ reste réel, il y a identité parfaite entre les deux membres de cette équation ; il n'en est plus ainsi quand $x$ devient imaginaire, le premier membre n'a plus aucun sens. Toutefois ceci ne doit nullement nous étonner, car la formule (1) n'a été démontrée que pour les valeurs réelles de $x$. Il est probable que le second membre de l'équation (1) représente une fonction beaucoup plus générale que $a^x$ dont celle-ci est un cas particulier ; nous allons essayer de la déterminer. Pour y parvenir, nous remarquerons que si l'on désigne par $\varphi(x)$ cette fonction, on a pour toutes les valeurs réelles de $x$ et de $y$

$$\varphi(x) \cdot \varphi(y) = \varphi(x + y).$$

Voyons si cette propriété ne serait pas indépendante des valeurs attribuées à $x$ et $y$, nous avons

$$\varphi(x) = 1 + \frac{x\, l\, a}{1} + \ldots + \frac{x^n\, l^n a}{1 \cdot 2 \ldots n} + \ldots,$$

$$\varphi(y) = 1 + \frac{y\, l\, a}{1} + \ldots + \frac{y^n\, l^n a}{1 \cdot 2 \cdot 3 \ldots n} + \ldots.$$

Multiplions ces deux équations membre à membre, en appliquant le théorème démontré n° **14**, il vient

$$\varphi(x) \cdot \varphi(y) = 1$$
$$+ \sum_{n=1}^{n=\infty} l^n a \left( \frac{x^n}{1 \cdot 2 \cdot 3 \ldots n} + \frac{x^{n-1}}{1 \cdot 2 \cdot 3 \ldots n-1} \frac{y}{1} + \frac{x^{n-2}}{1 \cdot 2 \ldots n-2} \frac{y^2}{1 \cdot 2} \ldots \right),$$

ou

$$\varphi(x) \cdot \varphi(y) = 1$$
$$+ \sum_{n=1}^{n=\infty} \cdot \frac{l^n a}{1 \cdot 2 \cdot 3 \ldots n} \left( x^n + \frac{n}{1} x^{n-1} y + \frac{n(n-1)}{1 \cdot 2} x^{n-2} y^2 + \ldots \right).$$

ou enfin

$$\varphi(x) \varphi(y) = 1 + \sum_{n=1}^{n=\infty} \frac{l^n a\, (x + y)^n}{1 \cdot 2 \cdot 3 \ldots n}.$$

Cette formule montre que l'on a, quel que soit $x$ et quel que soit $y$,

$$\varphi(x) \cdot \varphi(y) = \varphi(x + y).$$

De cette formule on déduit plusieurs propriétés remarquables de la fonction $\varphi(x)$. Sans répéter les calculs qui
ont été faits pour la fonction $a^x$, on voit que toutes les
propriétés de cette dernière fonction qui ont été déduites
de la formule

$$a^x \cdot a^y = a^{x+y}$$

lui seront communes avec la fonction $\varphi(x)$. Ainsi on
aura

$$\varphi(x) : \varphi(y) = \varphi(x - y)$$
$$[\varphi(x)]^n = \varphi(nx), \quad \text{quel que soit } n,$$
$$\varphi(x) \cdot \varphi(y) \ldots \varphi(u) = \varphi(x + y + \ldots + u),$$
$$\cdots \cdots \cdots \cdots \cdots \cdots \cdots \cdots \cdots$$

L'analogie que présentent les deux fonctions $\varphi(x)$ et $a^x$
va nous permettre de représenter la fonction $\varphi(x)$ par le
symbole $a^x$; car $1^{\circ}$ pour toutes les valeurs réelles de $x$,
$\varphi(x)$ se réduit à $a^x$; $2^{\circ}$ la fonction $\varphi(x)$ est soumise
exactement aux mêmes règles de calcul que $a^x$. Cette gé-
néralisation de la fonction $a^x$ a été introduite en analyse
par Jean Bernoulli et par Euler. Mais ces deux grands
géomètres ne prenaient pas les mêmes précautions que
nous, et ils admettaient comme une chose évidente que
dans toutes les formules où entrait la fonction $a^x$, on
pouvait remplacer la variable réelle $x$ par une variable
imaginaire. C'est à Cauchy que l'on doit la définition
précise et rigoureuse du symbole $a^x$ au moyen de la série
convergente que nous venons de donner.

Une dernière remarque avant d'aller plus loin. La formule $(a^x)^z = a^{xz}$ se trouve encore vérifiée dans le cas
où $x$ est réel et $z$ imaginaire. En effet, on a d'après la
formule (1)

$$(a^x)^z = 1 + \frac{z\,l\,a^x}{1} + \frac{z^2\,l^2\,a^2}{1 \cdot 2} +$$

ou

$$(a^x)^z = 1 + \frac{zx\,la}{1} + \frac{z^2x^2\,l^2a}{1.2} + \ldots = a^{zx}.$$

Ce qu'il fallait démontrer.

## SÉRIES TRIGONOMÉTRIQUES.

51. Dans la formule

$$e^x = 1 + \frac{x}{1} + \frac{x^2}{1.2} \ldots + \frac{x^n}{1.2.3\ldots n},$$

changeons $x$ en $x\sqrt{-1}$, il viendra

$$(1) \qquad e^{x\sqrt{-1}} = 1 + \frac{x\sqrt{-1}}{1} - \frac{x^2}{1.2} - \frac{x^3\sqrt{-1}}{1.2.3} + \ldots$$

Remarquons que $e^{\sqrt{-1}}$ est de la forme $a + b\sqrt{-1}$ et posons

$$e^{\sqrt{-1}} = r(\cos\theta + \sqrt{-1}\sin\theta),$$

il vient alors

$$e^{x\sqrt{-1}} = (e^{\sqrt{-1}})^x = r^x(\cos\theta x + \sqrt{-1}\sin\theta x)$$

et en substituant dans la formule (1)

$$r^x\cos\theta x + \sqrt{-1}\,r^x\sin\theta x = 1 + \frac{x\sqrt{-1}}{1} - \frac{x^2}{1.2} + \ldots.$$

Cette formule se décompose en deux autres

$$(2) \qquad \begin{cases} r^x\cos\theta x = 1 - \dfrac{x^2}{1.2} + \dfrac{x^4}{1.2.3.4} - \ldots, \\[2mm] r^x\sin\theta x = x - \dfrac{x^3}{1.2.3} + \dfrac{x^5}{1.2.3.4.5} - \ldots \end{cases}$$

Proposons-nous de déterminer les valeurs de $\theta$ et de $r$

qui satisfont à ces deux équations, et pour cela changeons $x$ en $-x$ dans la première des formules (2); cette formule devient

$$r^{-x} \cos \theta x = 1 - \frac{x^2}{1.2} + \frac{x^4}{1.2.3.4} - \cdots,$$

d'où l'on est obligé de conclure

$$r^{-x} = r^x \quad \text{ou} \quad r^{2x} = 1,$$

et comme $r$ est positif, il doit être égal à 1. Si alors on fait $r = 1$ dans la seconde des équations (2) et si l'on divise par $x$ les deux membres, il vient

$$(3) \qquad \frac{\sin \theta x}{x} = 1 - \frac{x^2}{1.2.3} - \frac{x^4}{1.2.3.4.5} - \cdots.$$

Faisons tendre $x$ vers zéro, on a

$$\lim \frac{\sin \theta x}{x} = \theta \lim \frac{\sin \theta x}{\theta x},$$

et si l'on se rappelle que la limite du rapport d'un arc qui tend vers zéro à son sinus est 1, on trouve

$$\lim \frac{\sin \theta x}{x} = \theta.$$

L'équation (3) donne alors, en passant aux limites,

$$\theta = 1.$$

Si l'on porte dans les équations (2) les valeurs de $r$ et de $\theta$ que nous venons de trouver, on arrive aux formules suivantes, découvertes par Newton :

$$(4) \quad \begin{cases} \cos x = 1 - \dfrac{x^2}{1.2} + \dfrac{x^4}{1.2.3.4} - \dfrac{x^6}{1.2.3.4.5.6} + \cdots, \\[2mm] \sin x = x - \dfrac{x^3}{1.2.3} + \dfrac{x^5}{1.2.3.4.5} + \cdots. \end{cases}$$

Ces formules montrent que la différence entre $\cos x$ et $1 - \dfrac{x^2}{2}$ est moindre que la 24° partie de la 4° puissance de l'arc $r$ et que la différence $\sin x - x$ est moindre que $\dfrac{x^3}{6}$ (on avait trouvé en trigonométrie moindre que $\dfrac{x^3}{4}$).

Les formules (3) peuvent servir à calculer le sinus ou le cosinus d'un arc donné quelconque, car elles ont lieu pour toutes les valeurs réelles de $x$; mais dans le cas où l'arc serait donné en secondes, il est essentiel de leur faire subir une transformation. Soit N le nombre de secondes d'un certain arc, sa longueur en parties du rayon sera $\dfrac{N.2\pi}{360.60.60}$, ou N arc $1''$. Si alors dans les formules (3) on change $x$ en N arc $1''$, il vient

$$\cos N'' = 1 - \frac{(N \text{ arc } 1'')^2}{1.2} + \frac{(N \text{ arc } 1'')^4}{1.2.3.4} - \cdots,$$

$$\sin N'' = \frac{N \text{ arc } 1''}{1} - \frac{(N \text{ arc } 1'')^3}{1.2.3} + \cdots.$$

Il est clair que dans ces séries on aura une limite supérieure de l'erreur commise en s'arrêtant à un certain terme, en prenant le premier terme négligé.

## FORMULES DE BERNOULLI ET D'EULER.

52. Si nous développons l'exponentielle $e^{x\sqrt{-1}}$ en série, nous trouvons

$$e^{x\sqrt{-1}} = 1 - \frac{x^2}{1.2} + \frac{x^4}{1.2.3.4} - \cdots + \sqrt{-1}\left(x - \frac{x^3}{1.2.3} + \cdots\right);$$

c'est l'équation (1) du n° 51. En vertu des formules (4) du même numéro, l'équation précédente devient

$$(1) \qquad\qquad e^{x\sqrt{-1}} = \cos x + \sqrt{-1}\,\sin x.$$

Cette formule est due à Euler; elle fait connaître la valeur du symbole $a^x$ lorsque $x$ est imaginaire; en effet, supposons $x$ égal à $\alpha + \beta\sqrt{-1}$, on a

$$a^{\alpha + \beta\sqrt{-1}} = a^\alpha \cdot a^{\beta\sqrt{-1}} = a^\alpha \cdot e^{\beta l a \cdot \sqrt{-1}},$$

et en vertu de la formule d'Euler

$$a^{\alpha + \beta\sqrt{-1}} = a^\alpha \left( \cos \beta\, l\, a + \sqrt{-1} \sin \beta\, l\, a \right).$$

Dans la formule d'Euler changeons $x$ en $-x$, il vient

$$(2) \qquad e^{-x\sqrt{-1}} = \cos x \sqrt{-1} \sin x.$$

Des formules (1) et (2) on tire les formules suivantes, dues à Jean Bernoulli :

$$(3) \qquad \cos x = \frac{e^{x\sqrt{-1}} + e^{-x\sqrt{-1}}}{2},$$

$$(4) \qquad \sin x = \frac{e^{x\sqrt{-1}} - e^{-x\sqrt{-1}}}{2\sqrt{-1}}.$$

Avant d'aller plus loin, il est nécessaire de bien comprendre les formules (1), (2), (3) et (4) et de se rappeler que le symbole $e^{x\sqrt{-1}}$ n'est qu'une manière abrégée d'écrire la valeur de la série

$$1 + \frac{x\sqrt{-1}}{1} + \frac{(x\sqrt{-1})^2}{1 \cdot 2} + \frac{(x\sqrt{-1})^3}{1 \cdot 2 \cdot 3} + \ldots$$

### APPLICATIONS REMARQUABLES DES FORMULES DE J. BERNOULLI.

53. Supposons $m$ un entier positif quelconque, nous

aurons, en vertu des formules de Bernoulli,

$$2^m \cos^m x = \left( e^{x\sqrt{-1}} + e^{-x\sqrt{-1}} \right)^m$$

$$= e^{mx\sqrt{-1}} + m\, e^{(m-2)x\sqrt{-1}} + \frac{m(m-1)}{1 \cdot 2}\, e^{(m-4)x\sqrt{-1}} + \dots,$$

$$2^m \cos^m x = \left( e^{-x\sqrt{-1}} + e^{x\sqrt{-1}} \right)^m$$

$$= \left( e^{-mx\sqrt{-1}} + m\, e^{-(m-2)x\sqrt{-1}} + \frac{m(m-1)}{1 \cdot 2}\, e^{-(m-4)x\sqrt{-1}} + \dots, \right.$$

d'où, ajoutant et divisant par 2 et remarquant que

$$\frac{e^{mx\sqrt{-1}} + e^{-mx\sqrt{-1}}}{2} = \cos m x,$$

il vient

$$2^m \cos^m x = \cos m x + \frac{m}{1} \cos(m-2)x$$

$$+ \frac{m(m-1)}{1 \cdot 2} \cos(m-4)x + \dots + \cos(-m)x.$$

Si alors on remarque que dans le second membre de cette formule les termes également éloignés des extrêmes sont égaux, et que le nombre total des termes est $m+1$, il vient, si $m$ est pair,

$$2^{m-1}\cos^m x = \cos m x + \frac{m}{1} \cos\overline{m-2}.x$$

$$+ \frac{m(m-1)}{1 \cdot 2} \cos\overline{m-4}.x + \dots$$

$$+ \frac{m(m-1)\dots\left(\dfrac{m}{2}+2\right)}{1 \cdot 2 \cdot 3 \dots \left(\dfrac{m}{2}-1\right)} \cos 2x$$

$$+ \frac{1}{2} \cdot \frac{m(m-1)\dots\left(\dfrac{m}{2}+1\right)}{1 \cdot 2 \cdot 3 \dots \dfrac{m}{2}},$$

et si $m$ est impair,

$$2^{m-1}\cos^m x = \cos mx + \frac{m}{1}\cos\overline{m-2}\,x$$

$$+ \frac{m(m-1)}{1\cdot 2}\cos\overline{(m-4)}\,x + \ldots$$

$$+ \frac{m(m-1)\ldots\left(\dfrac{m+1}{2}+1\right)}{1\cdot 2\cdot 3\ldots\dfrac{m-1}{2}}\cos x.$$

Si nous supposons $m$ pair, nous avons

$$\left(2\sqrt{-1}\right)^m \sin^m x = \left(e^{x\sqrt{-1}} - e^{-x\sqrt{-1}}\right)^m = e^{mx\sqrt{-1}} - m\,e^{(m-2)x\sqrt{-1}}$$

$$+ \frac{m(m-1)}{1\cdot 2}\,e^{(m-4)x\sqrt{-1}} - \ldots,$$

$$\left(2\sqrt{-1}\right)^m \sin^m x = \left(e^{-x\sqrt{-1}} - e^{x\sqrt{-1}}\right)^m = e^{-mx\sqrt{-1}} - m\,e^{-(m-2)x\sqrt{-1}}$$

$$+ \frac{m(m-1)}{1\cdot 2}\,e^{-(m-4)x\sqrt{-1}} - \ldots,$$

d'où, ajoutant et divisant par 2,

$$\left(2\sqrt{-1}\right)^m \sin^m x = \cos mx - \frac{m}{1}\cos\overline{m-2}\,x$$

$$+ \frac{m(m-1)}{1\cdot 2}\cos\overline{m-4}\,x\ldots.$$

Remarquant alors que les termes également éloignés des extrèmes sont égaux, il vient

$$(-1)^{\frac{m}{2}}\,2^{m-1}\sin^m x = \cos mx - \frac{m}{1}\cos\overline{m-2}\,x \pm \ldots$$

$$\pm \frac{m(m-1)\ldots\left(\dfrac{m}{2}+2\right)}{1\cdot 2\cdot 3\ldots\left(\dfrac{m}{2}-1\right)}\cos 2x \mp \frac{1}{2}\,\frac{m(m-1)\ldots\left(\dfrac{m}{2}+1\right)}{1\cdot 2\cdot 3\ldots\dfrac{m}{2}},$$

Si $m$ est impair, on a

$$\left(2\sqrt{-1}\right)^m \sin^m x = \left(e^{x\sqrt{-1}} - e^{-x\sqrt{-1}}\right)^m$$
$$= e^{mx\sqrt{-1}} - \frac{m}{1} e^{(m-2)x\sqrt{-1}} + \ldots,$$
$$\left(2\sqrt{-1}\right)^m \sin^m x = -\left(e^{-x\sqrt{-1}} - e^{x\sqrt{-1}}\right)^m$$
$$= e^{-mx\sqrt{-1}} - \frac{m}{1} e^{-(m-2)x\sqrt{-1}} + \ldots,$$

d'où, ajoutant et divisant par $2\sqrt{-1}$,

$$2^m (-1)^{\frac{m-1}{2}} = \sin mx - m\sin \overline{m-2}\,x + \ldots - \sin(-m)x.$$

En remarquant que les termes également éloignés des extrêmes sont égaux, il vient

$$2^{m-1}(-1)^{\frac{m-1}{2}} \sin^m x = \sin m\,x - m\sin\overline{m-2}\,x$$
$$+ \frac{m(m-1)}{1.2}\sin\overline{m-4}\,x \ldots$$
$$\pm \frac{m(m-1)\ldots\left(\frac{m+1}{2}+1\right)}{1.2.3\ldots\frac{m-1}{2}} \sin x.$$

Les formules que nous venons de démontrer sont employées dans le calcul intégral. Si nous supposons que l'on fasse $m = 2$, nous retombons sur les formules connues :

$$2\cos^2 x = \cos 2x + 2, \quad \text{d'où} \quad \cos 2x = 2\cos^2 x - 2,$$
$$2(-1)\sin^2 x = \cos 2x - 2, \quad \text{d'où} \quad \cos 2x = 2 - 2\sin^2 x.$$

*Remarque.* — Il faut bien se garder d'appliquer les formules qui précèdent lorsque $m$ n'est pas entier, ces formules n'ayant été démontrées que dans le seul cas où $m$ est entier.

# DES FONCTIONS CIRCULAIRES IMAGINAIRES ET DES FONCTIONS HYPERBOLIQUES.

54. Reprenons les formules

$$(1) \qquad \cos x = 1 - \frac{x^2}{1.2} + \frac{x^4}{1.2.3.4} - \cdots,$$

$$(2) \qquad \sin x = x - \frac{x^3}{1.2.3} + \frac{x^5}{1.2.3.4.5} - \cdots,$$

démontrées un peu plus haut.

Ces formules supposent $x$ réel; mais rien ne nous empêche d'appeler encore $\cos x$ et $\sin x$ les valeurs des seconds membres des séries (1) et (2) quand la variable $x$ sera imaginaire; mais pour que cette convention soit fondée, il est nécessaire que les fonctions $\sin x$ et $\cos x$ ainsi définies jouissent des mêmes propriétés que les fonctions circulaires. Nous allons démontrer qu'il en est ainsi : pour cela, ajoutons les équations (1) et (2) après avoir préalablement multiplié la seconde par $\sqrt{-1}$, nous obtenons la formule d'Euler qui se trouve ainsi démontrée pour toutes les valeurs de $x$ :

$$(3) \qquad \cos x + \sqrt{-1}\,\sin x = e^{x\sqrt{-1}},$$

d'où l'on tire les formules de Bernoulli

$$(4) \quad \begin{cases} \cos x = \dfrac{e^{x\sqrt{-1}} + e^{-x\sqrt{-1}}}{2}, \\[2em] \sin x = \dfrac{e^{x\sqrt{-1}} + e^{-x\sqrt{-1}}}{2\sqrt{-1}}. \end{cases}$$

Des formules de Bernoulli élevées au carré et ajoutées, on tire

$$\cos^2 x + \sin^2 x = 1.$$

Ensuite de la formule d'Euler on tire, en changeant $x$ en $x + z$,

$$\cos(x + z) + \sqrt{-1}\,\sin(x + z) = e^{(x+z)\sqrt{-1}} = e^{x\sqrt{-1}} \cdot e^{z\sqrt{-1}},$$

et par conséquent

$$\cos(x + z) + \sqrt{-1}\,\sin(x + z)$$
$$= (\cos x \sqrt{-1}\,\sin x)(\cos z + \sqrt{-1}\,\sin z),$$

d'où, effectuant dans le second membre et égalant séparément les parties réelles et les coefficients de $\sqrt{-1}$,

$$\cos(x + z) = \cos x \cos z - \sin x \sin z,$$
$$\sin(x + z) = \sin x \cos z + \cos x \sin z.$$

Nous venons de trouver les formules fondamentales de la trigonométrie; si donc on définit tang $x$ le rapport de $\sin x$ à $\cos x$, et séc $x$ le rapport de $1$ à $\cos x$, cot $x$ l'inverse de tang $x$ et coséc $x$ l'inverse de $\sin x$, toutes les formules de trigonométrie se trouveront démontrées dans le cas de variables imaginaires, et en particulier, par exemple, la formule de Moivre, qui du reste est comprise dans la formule (3) d'Euler. Si en effet dans cette formule on change $x$ en $nx$, on a

$$\cos nx + \sqrt{-1}\,\sin nx = e^{nx\sqrt{-1}}$$
$$= \left(e^{x\sqrt{-1}}\right)^n = \left(\cos x + \sqrt{-1}\,\sin x\right)^n.$$

Ce qu'il fallait démontrer.

55. Dans les formules de Bernoulli (4), changeons $x$ en $x\sqrt{-1}$, nous aurons

$$\cos\left(x\sqrt{-1}\right) = \frac{e^x + e^{-x}}{2},$$
$$\sin\left(x\sqrt{-1}\right) = -\frac{e^x - e^{-x}}{2\sqrt{-1}}.$$

et par suite

$$\frac{\sin\left(x\sqrt{-1}\right)}{\sqrt{-1}} = \frac{e^x - e^{-x}}{2}.$$

On voit que si $x$ est réel, $\cos\left(x\sqrt{-1}\right)$ et $\dfrac{\sin\left(x\sqrt{-1}\right)}{\sqrt{-1}}$ seront réels et égaux respectivement à $\dfrac{e^x + e^{-x}}{2}$ et à $\dfrac{e^x - e^{-x}}{2}$ ; ces quantités sont ce que l'on appelle le cosinus et le sinus hyperboliques de $x$, et l'on écrit

$$(5) \qquad \cos h\,x = \frac{e^x + e^{-x}}{2},$$

$$(6) \qquad \sin h\,x = \frac{e^x - e^{-n}}{2}.$$

On définit tang $h\,x$ le rapport $\dfrac{\sin h\,x}{\cos h\,x}$, cot $h\,x$ l'inverse de tang $h\,x$ ; séch$\,x$ et coséch$\,x$ sont respectivement les inverses de cos$h\,x$ et sin$h\,x$. Ces dénominations tiennent à ce que les fonctions que nous venons de définir naissent de la considération de l'hyperbole équilatère, comme les fonctions circulaires naissent du cercle.

Étudions les propriétés principales des fonctions hyperboliques, et pour cela retranchons l'équation (6) de l'équation (5) après les avoir élevées au carré, il viendra

$$\cos^2 h\,x - \sin^2 h\,x = 1.$$

Des formules (5) et (6) ajoutées ensemble on tire

$$(7) \qquad \cos h\,x + \sin h\,x = e^x;$$

c'est une formule analogue à celle d'Euler, d'où l'on peut tirer une formule analogue à celle de Moivre

$$(\cos h\,x + \sin h\,x)^n = e^{nx} = \cos h\,(nx) + \sin h\,(nx).$$

Changeons dans la formule (7) $x$ en $(x + z)$, on a

$$\cosh(x + z) + \sinh(x + z) = e^{x+z} = e^x \cdot e^z,$$

d'où l'on tire

$$\cosh(x + z) + \sinh(x + z) = (\cosh x + \sinh x)(\cosh z + \sinh z),$$

d'où, changeant $x$ en $- x$, $z$ en $- z$,

$$\cosh(x + z) - \sinh(x + z) = (\cosh x - \sinh x)(\cosh z - \sinh z);$$

ajoutons et retranchons l'une de l'autre de ces deux équations, il vient

$$\cosh(x + z) = \cosh x \cosh z + \sinh x \sinh z,$$
$$\sinh(x + z) = \cosh x \sinh z + \sinh x \cosh z.$$

On voit que les formules fondamentales des fonctions circulaires ne diffèrent de celles-ci que par le changement du signe sin en $\dfrac{\sinh}{\sqrt{-1}}$. Toutes les formules de trigonométrie sont donc applicables, à ce changement près, aux fonctions hyperboliques. La considération des fonctions hyperboliques est due à Lambert.

# DES LOGARITHMES ET DES EXPONENTIELLES

CONSIDÉRÉS DANS TOUTE LEUR GÉNÉRALITÉ.

56. Nous avons défini le logarithme d'un nombre, dans la base $a$, l'exposant de la puissance à laquelle il faut élever la base $a$ pour reproduire ce nombre. Maintenant que nous admettons des exposants imaginaires, la définition que nous venons de donner des logarithmes va prendre une extension très-considérable : trouver un loga-

rithme de N, ce sera trouver une racine réelle ou imaginaire de l'équation

(1) $$a^x = N.$$

Si alors nous posons

$$x = \alpha + \beta \sqrt{-1},$$
$$N = r(\cos\theta + \sqrt{-1}\sin\theta),$$

l'équation (1) devient

$$a^{\alpha + \beta\sqrt{-1}} = r(\cos\theta + \sqrt{-1}\sin\theta),$$

ou d'après ce que nous avons vu (n° 51), en désignant par la caractéristique l les logarithmes réels dans la base $e$.

$$e^{\alpha\, la}(\cos\beta\, l\, a + \sqrt{-1}\sin\beta\, la) = r(\cos\theta + \sqrt{-1}\sin\theta);$$

cette équation se décompose en deux,

$$e^{\alpha\, la} = r,$$
$$\beta\, la = \theta + 2k\pi,$$

d'où l'on tire

$$\alpha = \frac{l\,r}{l\,a},$$
$$\beta = \frac{\theta + 2k\pi}{la},$$

et par suite

$$x = \frac{1}{la}\left[ lr + (\theta + 2k\pi)\sqrt{-1} \right].$$

Cette formule montre que les quantités positives, outre leur logarithme réel

$$x = \frac{l\,r}{l\,a},$$

correspondant au cas où $k = o$, en ont encore une infinité
d'autres donnés par la formule

$$x = \left( lr + 2\,k\pi \sqrt{-1} \right) \cdot \frac{1}{la}.$$

Cette formule montre, en outre, que toute quantité réelle
ou imaginaire a une infinité de logarithmes imaginaires.

On voit enfin que le logarithme d'une quantité dans la
base $a$ est égal à son logarithme dans la base $e$ divisé
par $la$.

Il est clair que les logarithmes imaginaires jouissent
des mêmes propriétés que les logarithmes réels, car leurs
propriétés découlent de l'équation

$$a^x \cdot a^z = a^{x+z},$$

qui a lieu pour toutes les valeurs réelles ou imaginaires
de $x$ et de $z$.

57. Jusqu'ici nous n'avons encore considéré que des
logarithmes et des exponentielles à base réelle et positive;
mais actuellement que le logarithme de $a$ dans la base $e$
se trouve bien défini, nous pouvons définir la fonction
$a^x$, dans le cas où $a$ n'est pas positif, au moyen de l'égalité
suivante, démontrée dans le cas où $a$ est réel et positif :

$$a^x = 1 + \frac{x\,la}{1} + \frac{x^2\,l^2 a}{1 \cdot 2} + \frac{x^3\,l^3 a}{1 \cdot 2 \cdot 3} + \ldots .$$

Nous ne nous arrêterons pas à démontrer encore une fois
que les propriétés des exponentielles ainsi définies sont les
mêmes que celles des autres exponentielles; seulement
nous voyons que la fonction $a^x$ a une infinité de valeurs
correspondant à chacune des valeurs de $la$. On passerait
facilement de là à la définition des logarithmes à base

imaginaire. Mais les seuls logarithmes qui se présentent commodément dans l'analyse sont ceux dont la base est $e$ : ce sont ceux que Néper avait choisis.

Proposons-nous de découvrir la signification du symbole $(\sqrt{-1})^{\sqrt{-1}}$.

$(\sqrt{-1})^{\sqrt{-1}}$ est la valeur que prend l'expression

$$(\cos\theta + \sqrt{-1}\sin\theta)^{\sqrt{-1}} = e^{\theta\sqrt{-1}\cdot\sqrt{-1}} = e^{-\theta},$$

quand on y suppose $\cos\theta = 0$, $\sin\theta = 1$, c'est-à-dire $\theta = 2k\pi + \dfrac{\pi}{2}$; on a donc

$$(\sqrt{-1})^{\sqrt{-1}} = e^{-\left(2k\pi + \frac{\pi}{2}\right)},$$

ce que l'on peut écrire, en changeant le signe de $k$,

$$(\sqrt{-1})^{\sqrt{-1}} = e^{\frac{4k-1}{2}\pi}.$$

On tire de cette égalité en prenant les logarithmes dans la base $e$ des deux membres,

$$\sqrt{-1}\,l\sqrt{-1} = \frac{4k-1}{2}\pi,$$

d'où

$$\pi = \frac{2\sqrt{-1}\,l\sqrt{-1}}{4k-1},$$

expression singulière du nombre $\pi$.

De même que nous avons considéré des logarithmes imaginaires, de même nous pourrons considérer des fonctions imaginaires telles que arc $\sin x$, arc tang $x$, qui ne seront autre chose que les inverses des fonctions $\sin x$, tang $x$, définies, comme on l'a fait plus haut, à l'aide de séries.

## DES EXPONENTIELLES ET DES LIGNES TRIGONOMÉTRIQUES

### CONSIDÉRÉES COMME LIMITES DE FONCTIONS ALGÉBRIQUES.

**58.** Nous avons démontré (47) que l'on avait pour toutes les valeurs réelles et imaginaires de $x$ de la forme $\alpha + \beta\sqrt{-1}$

$$\lim\left(1+\frac{x}{m}\right)^m = 1 + \frac{x}{1} + \frac{x^2}{1.2} + \ldots + \frac{x^n}{1.2\ldots n} + \ldots,$$

c'est-à-dire, d'après nos conventions,

$$(1) \qquad \lim\left(1+\frac{x}{m}\right)^m = e^x;$$

mais cette formule suppose que $m$ ne passe que par des valeurs positives. Néanmoins elle est vraie de quelque manière que l'on fasse tendre $m$ vers l'infini; en effet, supposons $m$ égal à $r(\cos\theta + \sqrt{-1}\sin\theta)$, on aura, en faisant tendre $r$ et par suite $m$ vers l'infini,

$$\lim\left(1+\frac{x}{m}\right)^m = \lim\left[1+\frac{x}{r(\cos\theta+\sqrt{-1}\sin\theta)}\right]^{r(\cos\theta+\sqrt{-1}\sin\theta)}$$

ou

$$\lim\left(1+\frac{x}{m}\right)^m = \lim\left\{\left[1+\frac{x(\cos\theta-\sqrt{-1}\sin\theta)}{r}\right]^r\right\}^{\cos\theta+\sqrt{-1}\sin\theta}.$$

et, comme $r$ est positif,

$$\lim\left(1+\frac{x}{m}\right)^m = e^{x(\cos\theta-\sqrt{-1}\sin\theta)(\cos\theta+\sqrt{-1}\sin\theta)} = e^x.$$

( 95 )

La formule (1) se trouve donc vérifiée pour toutes les valeurs infinies de $m$. On a en particulier

$$\lim \left( 1 - \frac{x}{m} \right)^{-m} = \lim \left( \frac{1}{1 - \dfrac{x}{m}} \right)^{m} = e^{x}.$$

59. Changeons dans la formule (1) $x$ successivement en $x\sqrt{-1}$ et en $-x\sqrt{-1}$, il vient

$$\lim \left( 1 + \frac{x\sqrt{-1}}{m} \right)^{m} = e^{x\sqrt{-1}},$$

$$\lim \left( 1 - \frac{x\sqrt{-1}}{m} \right)^{m} = e^{-x\sqrt{-1}},$$

et, par suite, en prenant la demi-somme et la demi-différence des deux membres,

$$\frac{\lim \left( 1 + \dfrac{x\sqrt{-1}}{m} \right)^{m} + \lim \left( 1 - \dfrac{x\sqrt{-1}}{m} \right)^{m}}{2} = \cos x,$$

$$\frac{\lim \left( 1 + \dfrac{x\sqrt{-1}}{m} \right)^{m} - \lim \left( 1 - \dfrac{x\sqrt{-1}}{m} \right)^{m}}{2\sqrt{-1}} = \sin x.$$

60. Si l'on change dans la formule (1) $x$ en $u + v\sqrt{-1}$, il vient

$$\lim \left( 1 + \frac{u + v\sqrt{-1}}{m} \right)^{m} = e^{u + v\sqrt{-1}},$$

et par suite

$$\lim \left( 1 + \frac{u + v\sqrt{-1}}{m} \right)^{m} = e^{u} \left( \cos v + \sqrt{-1}\, \sin v \right).$$

Ces formules sont quelquefois utiles.

## SÉRIES LOGARITHMIQUES.

61. Considérons la formule

$$e^{\alpha x} = 1 + \frac{\alpha x}{1} + \frac{\alpha^2 x^2}{1 \cdot 2} + \frac{\alpha^3 x^3}{1 \cdot 2 \cdot 3} + \dots,$$

elle peut s'écrire

$$\frac{e^{\alpha x} - 1}{\alpha} = x + \alpha \left( \frac{x^2}{1 \cdot 2} + \frac{\alpha x^3}{1 \cdot 2 \cdot 3} + \dots \right),$$

ou, en désignant par $\omega$ une quantité qui s'annule avec $\alpha$,

$$\frac{e^{\alpha x} - 1}{\alpha} = x + \omega.$$

Si alors on change $x$ en $lx$ et si l'on passe aux limites, il vient

$$(1) \qquad lx = \lim \frac{x^\alpha - 1}{\alpha} ;$$

on a aussi

$$la = \lim \frac{a^\alpha - 1}{\alpha},$$

et, par suite,

$$\frac{lx}{la} = \log_a x = \lim \frac{x^\alpha - 1}{a^\alpha - 1}.$$

Si l'on suppose $a = e$, on a la formule

$$lx = \lim \frac{x^\alpha - 1}{e^\alpha - 1}.$$

62. C'est la formule (1) qui va nous servir à dévelop-per les logarithmes des nombres en série. A cet effet, rem-

plaçons $x$ par $(1 + x)$, il viendra

$$l(1 + x) = \lim \frac{(1 + x)^\alpha - 1}{\alpha}.$$

La limite du second membre étant la même de quelque manière que $\alpha$ tende vers zéro, nous pouvons supposer que cette variable ne prenne que des valeurs positives. Il vient alors, en développant $(1 + x)^\alpha$ par la formule du binôme et en supposant le module de $x$ moindre que $1$

$$l(1 + x) = \lim \left[ x + \frac{(\alpha - 1)}{2} x^2 + \frac{(\alpha - 1)(\alpha - 2)}{2 \cdot 3} x^3 + \ldots \right.$$
$$\left. + \frac{(\alpha - 1)\ldots(\alpha - \overline{n - 1})}{1 \cdot 2 \cdot 3 \ldots n} x^n + \ldots \right],$$

ce que nous pouvons écrire

$$(2) \quad \begin{cases} l(1 + x) = \lim \left[ x - \frac{x^2}{2}(1 - \alpha) + \ldots \right. \\ \qquad \left. \pm \frac{x^n}{n}(1 - \alpha)\left(1 - \frac{\alpha}{2}\right) \cdots \left(1 - \frac{\alpha}{n - 1}\right) \cdots \right]. \end{cases}$$

Or en vertu du lemme (n° 59)

$$\frac{1}{n}(1 - \alpha)\left(1 - \frac{\alpha}{2}\right) \cdots \left(1 - \frac{\alpha}{n - 1}\right)$$

est compris entre $\dfrac{1}{n}$ et $\dfrac{1}{n} - \dfrac{\alpha}{n}\left(1 + \dfrac{1}{2} + \ldots + \dfrac{1}{n - 1}\right)$; mais on a

$$\frac{1}{n}\left(1 + \frac{1}{2} + \ldots + \frac{1}{n - 1}\right) < 1 + \frac{1}{2^2} + \frac{1}{3^2} + \ldots + \frac{1}{(n - 1)^2},$$

et *à fortiori*

$$\frac{1}{n}\left(1 + \frac{1}{2} + \ldots + \frac{1}{n - 1}\right) < 1 + \frac{1}{2^2} + \frac{1}{3^2} + \ldots + \frac{1}{n^2} + \ldots.$$

7

Si donc $n$ augmente indéfiniment, la série qui se trouve dans le second membre de cette inégalité étant convergente, on voit que $\frac{1}{n}\left(1 + \frac{1}{2} + \ldots + \frac{1}{n-1}\right)$ a une limite finie moindre que la valeur de la série

$$\omega = 1 + \frac{1}{2} + \frac{1}{3} + \ldots + \frac{1}{n^2} + \ldots$$

On voit donc que le produit

$$\frac{1}{n}(1 - \alpha)\left(1 - \frac{\alpha}{2}\right)\cdots\left(1 - \frac{\alpha}{n-1}\right)$$

est compris entre $\frac{1}{n}$ et $\frac{1}{n} - \alpha\omega$.

Si donc $\theta_n$ désigne une quantité comprise entre $0$ et $1$, on peut écrire

$$\frac{1}{n}(1 - \alpha)\left(1 - \frac{\alpha}{2}\right)\cdots\left(1 - \frac{\alpha}{n-1}\right) = \frac{1}{n} - \theta_n\,\alpha\omega.$$

Si l'on remplace dans la formule (2) les coefficients des diverses puissances de $x$ par les valeurs que nous venons de trouver, il vient

$$(3) \quad \begin{cases} l(1 + x) = \lim\left[x - x^2\left(\frac{1}{2} - \theta_2\,\alpha\omega\right) + x^3\left(\frac{1}{3} + \theta_3\,\alpha\omega\right) + \ldots \right. \\ \left. \pm x^n\left(\frac{1}{n} - \theta_n\,\alpha\omega\right)\cdots\right]. \end{cases}$$

On voit que la quantité dont nous cherchons la limite est la somme des deux séries convergentes

$$x - \frac{x^2}{2} + \frac{x^3}{3} + \ldots \pm \frac{x^n}{n} \ldots$$

et

$$(4) \qquad x^2\,\theta_2\,\alpha\omega - x^3\,\theta_3\,\alpha\omega + \ldots \mp x^n\,\theta_n\,\alpha\omega, \ldots$$

Or la série (4) peut s'écrire

$$x\omega\left(x^2\theta_2 - x^3\theta_3 + \ldots \mp x^n\theta_n \pm \ldots\right).$$

Si $x$ tend vers zéro, on voit que la valeur de cette série tend vers zéro, et par conséquent, si l'on fait tendre $\alpha$ vers zéro dans la formule (3), il vient

$$(5) \qquad l(1 + x) = x - \frac{x^2}{2} + \frac{x^3}{3} - \ldots \pm \frac{x^n}{n}.$$

Cette formule se trouve démontrée pour toutes les valeurs du module de $x$ moindres que 1. Il est clair que si le module de $x$ était plus grand que 1, cette formule n'aurait plus de sens, car le second membre serait une série divergente. Si le module de $x$ était 1 et si le second membre était convergent, l'égalité ayant eu lieu pour toutes les valeurs du module de $x$ moindres que 1, elle aura encore lieu pour la valeur limite 1 du module. Si en particulier on suppose $x = 1$, il vient

$$l\,2 = 1 - \frac{1}{2} + \frac{1}{3} - \frac{1}{4} + \ldots \pm \frac{1}{n} \mp \ldots$$

La formule (5) a été donnée par le géomètre allemand Kauffmann, connu en France sous le nom de Mercator. Halley avait également trouvé cette formule en partant de l'équation (1).

### APPLICATIONS DE LA FORMULE $l(1+x)$.

Quoiqu'on ne puisse pas développer $lx$ en série ordonnée suivant les puissances croissantes de $x$, on n'en est pas moins parvenu à calculer les logarithmes des nombres à l'aide des séries que nous allons faire connaître, et sans lesquelles le calcul des Tables de logarithmes eût été presque impraticable.

63. La série

$$x - \frac{x^2}{2} + \frac{x^3}{3} - \frac{x^4}{4} + \cdots$$

est trop peu convergente pour que l'on puisse en faire usage pour calculer $l(1+x)$; du reste elle ne pourrait pas servir à calculer les logarithmes des nombres plus grands que 2. Toutefois on peut faire subir à la formule

$$(1) \qquad l(1+x) = x - \frac{x^2}{2} + \frac{x^3}{3} - \cdots$$

une transformation qui la rend éminemment propre au calcul logarithmique. Changeons-y en effet $x$ en $-x$, il vient

$$l(1-x) = -x - \frac{x^2}{2} - \frac{x^3}{3} - \cdots$$

Retranchons cette dernière formule de la formule $(1)$, nous obtenons la relation suivante :

$$(2) \qquad l\left(\frac{1+x}{1-x}\right) = 2\left(x + \frac{x^3}{3} + \frac{x^5}{5} + \cdots\right);$$

or on a

$$l\left(\frac{1+x}{1-x}\right) = l\left(\frac{1+x-x+x}{1-x}\right) = l\left(1+\frac{2x}{1-x}\right).$$

Posons alors

$$\frac{2x}{1-x} = \frac{1}{z}, \quad \text{d'où} \quad x = \frac{1}{2z+1},$$

il vient

$$l\left(\frac{1+x}{1-x}\right) = l\left(1+\frac{1}{z}\right) = l(z+1) - lz.$$

Si donc nous remplaçons dans la formule (2) $x$ par $\dfrac{1}{2z+1}$, nous obtenons la formule

$$(3)\quad l(1+z) - lz = 2\left[\frac{1}{2z+1} + \frac{1}{3(2z+1)^3} + \frac{1}{5(2z+1)^5} + \dots\right].$$

Cette formule fera connaître le logarithme de $z+1$, quand on connaîtra celui de $z$; dès lors rien de plus facile que de dresser une Table de logarithmes des nombres entiers. Si en effet nous faisons $z$ égal successivement à $1, 2, 3, 4,\dots, n$, nous obtenons une suite de séries de plus en plus convergentes à mesure que $z$ augmente, et qui sont les suivantes :

$$(4)\quad \begin{cases} l2 = 2\left(\dfrac{1}{3} + \dfrac{1}{3.3^3} + \dfrac{1}{5.3^5} + \dots\right), \\[2ex] l3 - l2 = 2\left(\dfrac{1}{5} + \dfrac{1}{3.5^3} + \dfrac{1}{5.5^5} + \dots\right), \\[1ex] \dotfill \end{cases}$$

La première donne le logarithme népérien de 2, la seconde le logarithme népérien de 3, lorsque l'on a calculé celui de 2, et ainsi de suite.

Si l'on veut maintenant dresser une Table des logarithmes vulgaires, il faut commencer par calculer le module qui est $\dfrac{1}{l\,10}$. Pour cela on calcule d'abord $l2$ par la formule (4), on double le logarithme de 2 et on a $l4$. On calcule ensuite $l5$ par la formule (3) dans laquelle on fait $z = 4$, ce qui donne

$$l5 = l4 + 2\left(\frac{1}{9} + \frac{1}{3.9^3} + \frac{1}{8.9^5} + \dots\right).$$

En ajoutant $l2$ à $l5$, on a $l\,10$, qui est l'inverse du module. La partie la plus pénible du calcul est alors achevée. On multiplie les deux membres de la formule (3) par $\frac{1}{110}$, et on fait immédiatement $z = 1000$; il vient alors, en observant : $1^{\circ}$ que $\frac{1}{10} \, l \, z = \log z$; $2^{\circ}$ que $\frac{1}{110} \, l \, 1000 = 3$,

$$\log 1001 = 3 + \frac{2}{110} \left( \frac{1}{2001} + \frac{1}{3 \cdot 2001^3} + \dots \right).$$

Cette formule fait connaître $\log 1001$ à l'aide d'une série très-convergente. En faisant ainsi successivement $z = 1000$, $z = 1001$, $z = 1002, \dots$, on calcule les logarithmes des nombres plus grands que 1000 avec rapidité, car les séries que l'on obtient sont très-convergentes; mais on ne fera usage des séries que pour le calcul des logarithmes que l'on ne pourrait pas trouver autrement. Ainsi on calculera $\log 2000$, en ajoutant à 3 le logarithme de 2 que l'on connait. Le logarithme de 1250 s'obtiendra en retranchant de 4, 3 fois le logarithme de 2, car $1250 = \frac{10000}{8}, \dots$ Ces logarithmes ainsi calculés pourront servir de points de repère pour vérifier certains logarithmes calculés par la formule (3).

64. Pour terminer ce qui est relatif au calcul des logarithmes, nous allons chercher une limite de l'erreur commise, en négligeant le reste dans la série qui forme le second membre de l'égalité (3). Si le dernier terme employé est

$$\frac{1}{2n-1} \cdot \frac{1}{(2z+1)^{2n-1}},$$

l'erreur commise dans le calcul de la valeur de la série est moindre que c'est-à-dire que

$$\frac{1}{2n+1} \cdot \frac{1}{(2z+1)^{2n+1}} \cdot \frac{(2z+1)^2}{(2z+1)^2-1} ,$$

ou que

$$\frac{1}{2n+1} \cdot \frac{1}{(2z+1)^{2n+1}} \cdot \frac{4z^2+4z+1}{4z^2+4z} ,$$

ou

$$\frac{1}{2n+1} \cdot \frac{1}{(2z+1)^{2n+1}} \cdot \left[ \frac{1}{4z^2+4z} + 1 \right] ,$$

c'est-à-dire que le premier terme négligé plus une fraction de ce terme très-petite si $z$ est assez grand; en tout cas l'erreur est moindre que deux fois le premier terme négligé. Nous voyons ainsi que, pour avoir l 2 avec 10 décimales, il suffit de prendre 10 termes dans la série

$$\frac{1}{3} + \frac{1}{3 \cdot 3^3} + \frac{1}{5 \cdot 3^5} + \dots ,$$

tandis que pour avoir l 1001, il suffit seulement de prendre deux termes dans la série

$$\frac{1}{2001} + \frac{1}{3 \cdot 2001^3} + \dots .$$

## SÉRIES DE DELAMBRE ET DE LEIBNITZ

65. Si dans la série

$$(1) \qquad l(1+x) = x - \frac{x^2}{2} + \frac{x^3}{3} - \quad \dots \pm \frac{x^n}{n} \dots$$

nous faisons $x$ égal à $r(\cos\theta + \sqrt{-1}\,\sin\theta)$, il vient, en

( 104 )

observant d'après ce qui a été dit n° 88, que

$$l\left(1 + r\cos\theta + \sqrt{-1}\, r\sin\theta\right)$$

$$= l\sqrt{1 + r^2 + 2r\cos\theta} + \operatorname{arc\,tang} \frac{r\sin\theta}{1 + r\cos\theta} \sqrt{-1},$$

$$l\sqrt{1 + r^2 + 2r\cos\theta} + \operatorname{arc\,tang} \frac{r\sin\theta}{1 + r\cos\theta} \sqrt{-1}$$

$$= \sum_{n=1}^{n=\infty} \pm \frac{r^n}{n}\left(\cos n\theta + \sqrt{-1}\,\sin n\theta\right).$$

En égalant séparément les parties réelles et les coeffi-cients de $\sqrt{-1}$ dans les deux membres de cette équation, on trouve les deux formules suivantes, dues à Delambre :

$$(2) \qquad l\sqrt{1 + r^2 + 2r\cos\theta} = \sum_{n=1}^{n=\infty} \pm \frac{r^n}{n}\cos n\theta,$$

$$(3) \qquad \operatorname{arc\,tang}\frac{r\sin\theta}{1 + r\cos\theta} = \sum_{n=1}^{n=\infty} \pm \frac{r^n}{n}\sin n\theta.$$

Dans la formule (3) il faut supposer le premier membre compris entre $-\frac{\pi}{2}$ et $+\frac{\pi}{2}$. En effet, nous avons vu (n°31) que toute série convergente de la forme $\sum_{n=1}^{n=\infty} A_n \sin n\theta$, était une fonction continue de $\theta$. Quand donc nous fe-rons varier $\theta$ d'une manière continue, le second membre de l'équation (3) variera d'une manière continue; par conséquent il devra en être de même du premier. Si alors nous faisons $\theta = 0$, le second membre étant nul, il devra en être de même du premier, qui variera à partir de zéro d'une manière continue. Mais, $r$ étant plus petit que $1$, $1 + r \cos \theta$ ne peut jamais être nul. Donc arc tang $\dfrac{r \sin \theta}{1 + r \cos \theta}$ ne peut jamais être égal à $\pm \dfrac{\pi}{2}$. Donc, comme c'est une fonction continue variant à partir de zéro, elle ne peut jamais surpasser $\dfrac{\pi}{2}$ ni être inférieure à $-\dfrac{\pi}{2}$. Ce qu'il fallait démontrer.

66. Si dans cette formule (3) on fait $\theta = \dfrac{\pi}{2}$, on obtient la célèbre formule de Leibnitz

$$(4) \qquad \text{arc tang}\, r = r - \frac{r^3}{3} + \frac{r^5}{5} - \ldots \pm \frac{r^{2n+1}}{2n+1} \mp \ldots$$

La formule (3), comme on voit, fait connaître l'angle d'une droite dont le coefficient angulaire est $r$, avec l'axe des $x$, l'angle des coordonnés étant $\theta$; il ne faut donc point s'étonner si cette formule fait connaitre la fonction arc tang $r$ lorsque l'on suppose $\theta = \dfrac{\pi}{2}$, c'est-à-dire le système de coordonnées rectangulaires. La formule (4) est encore vraie quand $r$ est négatif, car ses deux membres changent de signe sans changer de valeur absolue, quand on change $r$ en $-r$.

Si dans la formule (4) on fait $r = 1$, il vient

$$\frac{\pi}{4} = 1 - \frac{1}{3} + \frac{1}{5} - \frac{1}{7} + \ldots$$

Cette série remarquable est trop peu convergente pour servir à faire connaître le nombre $\pi$. Euler a tiré parti de la formule (4) pour calculer $\pi$ à l'aide de séries plus convergentes. Il remarqua que la série (4) était d'autant plus convergente que $r$ était plus petit; par conséquent, si l'on parvient à résoudre l'équation indéterminée

$$(5) \qquad \frac{\pi}{4} = m \text{ arc tang } u + n \text{ arc tang } v,$$

pour de très-grandes valeurs de $m$ et de $n$, $u$ et $v$ seront très-petits et $\pi$ se calculera par la formule

$$\frac{\pi}{4} = m \left( u - \frac{u^3}{3} + \frac{u^5}{5} \cdots \right) + n \left( v - \frac{v^3}{3} + \frac{v^5}{5} - \cdots \right).$$

Euler posa

$$\frac{\pi}{4} = \text{arc tang } \frac{1}{2} + \text{arc tang } v.$$

Il tira de cette formule successivement

$$\text{arc tang } v = \frac{\pi}{4} - \text{arc tang } \frac{1}{2},$$

$$v = \text{tang} \left( \frac{\pi}{4} - \text{arc tang } \frac{1}{2} \right),$$

$$v = \frac{1 - \frac{1}{2}}{1 + \frac{1}{2}} = \frac{1}{3};$$

ainsi

$$\frac{\pi}{4} = \text{arc tang } \frac{1}{2} + \text{arc tang } \frac{1}{3}.$$

On peut alors calculer $\pi$ à l'aide de deux séries assez convergentes

$$\frac{\pi}{4} = \left\{ \begin{array}{l} \frac{1}{2} - \frac{1}{3.8} + \frac{1}{5.32} - \frac{1}{7.128} + \cdots \\ + \frac{1}{3} - \frac{1}{3.27} + \frac{1}{5.343} - \cdots \end{array} \right.$$

*(Voir Euler, introduction à l'analyse infinitésimale.)*

Machin a donné une formule qui contient des séries beaucoup plus convergentes.

Dans la formule (5) il posa $m$ égal à 4 et $u$ égal à $\frac{1}{5}$; on a alors

$$(6) \qquad n \text{ arc tang } v = \frac{\pi}{4} - 4 \text{ arc tang } \frac{1}{5} ;$$

or on a

$$\text{tang} \left( 2 \text{ arc tang } \frac{1}{5} \right) = \frac{\frac{2}{5}}{1 - \frac{1}{25}} = \frac{5}{12} ,$$

$$\text{tang} \left( 4 \text{ arc tang } \frac{1}{5} \right) = \frac{\frac{10}{12}}{1 - \frac{1}{144}} = \frac{120}{119} ,$$

par suite

$$\text{tang} \left( \frac{\pi}{4} - 4 \text{ arc tang } \frac{1}{5} \right) = \frac{1 - \frac{120}{119}}{1 + \frac{120}{119}} = - \frac{1}{239} .$$

Cette dernière égalité permet de mettre l'équation (6) sous la forme

$$n \text{ arc tang } v = - \text{ arc tang } \frac{1}{239} .$$

Si alors on choisit $n = 1$, il vient $v = - \frac{1}{239}$ : c'est ce qu'a fait Machin ; et dans cette hypothèse la formule (5) devient

$$\frac{\pi}{4} = 4 \text{ arc tang } \frac{1}{5} - \text{ arc tang } \frac{1}{239} ,$$

ou en développant les arcs en série

$$\frac{\pi}{4} = \begin{cases} 4\left(\dfrac{1}{5} - \dfrac{1}{3.5^3} + \dfrac{1}{5.5^5} - \cdots\right) \\ -\left(\dfrac{1}{239} - \dfrac{1}{3.239^3} + \dfrac{1}{5.239^5} - \cdots\right). \end{cases}$$

On obtient ainsi $\frac{\pi}{4}$ à l'aide de deux séries très-convergentes. La limite de l'erreur commise en s'arrêtant à un terme quelconque de ces séries est moindre que le premier terme négligé, de sorte que le calcul de $\pi$ peut se faire très-commodément à l'aide de la formule précédente.

### GÉNÉRALISATION DES FORMULES DE DELAMBRE.

67. Reprenons les formules de Delambre

$$(1) \qquad l\sqrt{1 + r^2 + 2r\cos\theta} = \sum \pm \frac{r^n}{n}\cos n\theta,$$

$$(2) \qquad \text{arc tang } \frac{r\sin\theta}{1 + r\cos\theta} = \sum \pm \frac{r^n}{u}\sin n\theta.$$

Si l'on y change $\theta$ en $\pi + \theta$, on obtient

$$l\sqrt{1 + r^2 - 2r\cos\theta} = -\sum \frac{r^n}{n}\cos n\theta,$$

$$\text{arc tang } \frac{-r\sin\theta}{1 - r\cos\theta} = -\sum \frac{r^n}{n}\sin n\theta.$$

Ce seraient les formules que l'on aurait obtenues en changeant dans les formules de Delambre $r$ en $-r$; celles-ci ont donc lieu pour toutes les valeurs de $r$ comprises entre $-1$ et $+1$. Les formules de Delambre sont encore vraies pour $r = \pm 1$. En effet, les seconds membres pour $r = \pm 1$ sont encore convergents; nous voyons donc que l'égalité subsistant pour toutes les valeurs de $r$ comprises entre $+1$ et $-1$, subsistera encore pour $r = \pm 1$, ce qui donnera, en observant que

$$l\sqrt{2 + 2\cos\theta} = l\, 2\cos\frac{\theta}{2},$$

$$l\sqrt{2 - 2\cos\theta} = l\, 2\sin\frac{\theta}{2},$$

$$\text{arc tang}\, \frac{\sin\theta}{1 + \cos\theta} = \frac{\theta}{2},$$

$$\text{arc tang}\, \frac{-\sin\theta}{1 - \cos\theta} = -\,\text{arc tang}\left(\cot\frac{\theta}{2}\right) = \frac{\theta}{2} - \frac{\pi}{2};$$

pour $r = 1$,

$$(3) \qquad l\, 2\cos\frac{\theta}{2} = \cos\theta - \frac{\cos 2\theta}{2} + \frac{\cos 3\theta}{3} - \cdots,$$

$$(4) \qquad \frac{\theta}{2} = \sin\theta - \frac{\sin 2\theta}{2} + \frac{\sin 3\theta}{3} - \cdots,$$

et pour $r = -1$

$$(5) \quad l\, 2\sqrt{\sin^2\frac{\theta}{2}} = -\left(\cos\theta + \frac{\cos 2\theta}{2} + \frac{\cos 3\theta}{3} - \cdots\right),$$

$$(6) \qquad \frac{\theta}{2} - \frac{\pi}{2} = -\left(\sin\theta + \frac{\sin 2\theta}{2} + \frac{\sin 3\theta}{3} + \cdots\right).$$

Il reste à démontrer la convergence des séries $(3)$, $(4)$, $(5)$, $(6)$; cette convergence résulte du théorème suivant, démontré n° 4 :

*Si $r_1, r_2, \ldots, r_n, \ldots$ sont des nombres positifs indéfiniment décroissants, les deux séries*

$$r_1\cos\theta + r_2\cos 2\theta + \ldots + r_n\cos n\theta + \ldots,$$

$$r_1\sin\theta + r_2\sin 2\theta + \ldots + r_n\sin n\theta + \ldots,$$

*sont convergentes ainsi que les deux suivantes, obtenues en changeant $\theta$ en $\pi + \theta$,*

$$ - r\cos\theta + r_1 \cos 2\theta - \ldots \quad \text{et} \quad - r\sin\theta + r\sin 2\theta - \ldots $$

68. *Remarque.* — La formule (4) n'a été démontrée que pour les valeurs de $\frac{\theta}{2}$ comprises entre $-\frac{\pi}{2}$ et $+\frac{\pi}{2}$, car cette formule se déduit de la formule (2) dans laquelle le premier membre est supposé compris entre $-\frac{\pi}{2}$ et $+\frac{\pi}{2}$ : aussi ne faut-il point s'étonner de voir que le second membre soit périodique et le premier croissant lorsque $\theta$ croît. Mais si la formule (4) n'est vraie que pour des valeurs de $\frac{\theta}{2}$ comprises entre $-\frac{\pi}{2}$ et $+\frac{\pi}{2}$, on peut se demander à quoi est égal le second membre quand $\frac{\theta}{2}$ est compris entre $\frac{\pi}{2}$ et $\frac{3\pi}{2}$, par exemple. Pour répondre à cette question, il suffit de supposer $\frac{\alpha}{2}$ compris entre $-\frac{\pi}{2}$ et $+\frac{\pi}{2}$ et de remplacer $\theta$ par $2\pi + \alpha$. Le second membre de la formule (4) devient alors

$$ \sin a - \frac{\sin 2\alpha}{2} + \frac{\sin 3\alpha}{3} - \ldots, $$

c'est-à-dire, en vertu de la formule (4), $\frac{\alpha}{2}$ ou $\frac{\theta}{2} - \pi$, en observant que $\alpha = \theta - \pi$. On voit donc que la série

$$ \sin\theta - \frac{\sin 2\theta}{2} + \frac{\sin 3\theta}{3} - \ldots $$

représente successivement $\frac{\theta}{2}, \frac{\theta}{2} - \pi, \frac{\theta}{2} - 2\pi, \frac{\theta}{2} - 3\pi, \ldots$

quand $\frac{0}{2}$ varie entre $-\frac{\pi}{2}$ et $+\frac{\pi}{2}$, entre $+\frac{\pi}{2}$ et $\frac{3\pi}{2}$, entre $\frac{3\pi}{2}$ et $\frac{5\pi}{2}$, etc. Contrairement à ce qui a été dit n° 31, il semble que la série (4) représente une fonction discontinue pour $\theta = \pi$; mais c'est qu'alors elle cesse d'être convergente, vu que si l'on suppose $\theta$ très-près de $\pi$, la somme des $p$ termes qui suivent le $n^{ième}$, $n$ et $p$ croissant indéfiniment, ne tend pas vers zéro (*voir* Note II).

## RÉSOLUTION DES TRIANGLES PAR LES SÉRIES.

69. Lorsqu'on a à résoudre un triangle dans lequel les données sont les unes très-grandes, les autres très-petites, les formules trigonométriques ordinaires ne se prêtent pas facilement au calcul logarithmique ; mais alors les éléments inconnus se développent avec une extrême facilité en séries très-convergentes.

Supposons, par exemple, qu'il s'agisse de résoudre un triangle dans lequel on donne les côtés $a$ et $b$ et l'angle compris C. Supposons $b < a$, on a

$$c = \sqrt{a^2 + b^2 - 2\,ab \cos C},$$

ou

$$\log c = \log e.1 \left( a \sqrt{1 + \frac{b^2}{a^2} - 2\,\frac{b}{a} \cos C} \right).$$

ou

$$\log c = \log a + \log e.1 \sqrt{1 + \frac{b^2}{a^2} - 2\,\frac{b}{a} \cos C}.$$

Appliquons la seconde des formules de Delambre en y posant $r = -\frac{b}{a}$, $\theta = c$, il vient

$$\log c = \log a - \log e \left( \frac{b}{a}\cos C + \frac{b^2}{a^2}\,\frac{\cos 2C}{2} + \frac{b^3}{a^3}\,\frac{\cos 3C}{3} + \ldots \right).$$

Si le rapport $\frac{b}{a}$ est très-petit et si l'angle C est très-près de 90°, la formule précédente fera connaître log C très-facilement. Dans les calculs astronomiques où l'on emploie cette formule, on se contente ordinairement des deux premiers termes de la série et on calcule log C par la formule

$$\log c = \log a - \log e \left( \frac{b}{a} \cos C + \frac{b^2}{a^2} \frac{\cos 2\,C}{2} \right),$$

et si $c$ est très-petit, en désignant par $C''$ la valeur de C en secondes, par la formule suivante où l'on remplace le cosinus par l'unité moins la moitié du carré de l'arc :

$$\log c = \log a - \log e \left\{ \frac{b}{a} \left[ 1 - \frac{(C'' \sin 1'')^2}{2} \right] \right.$$
$$\left. + \frac{b^2}{a^2} \left[ 1 - \frac{4\,(C'' \sin 1'')^2}{2} \right] \right\}$$

ou

$$\log c = \log a - \frac{b}{a} \log e \left[ 1 - \frac{5}{2} \frac{b}{a} (C'' \sin 1'')^2 \right].$$

Si nous voulons calculer l'angle B nous partirons de la formule

$$(1) \qquad \frac{\sin B}{\sin (B + C)} = \frac{b}{a},$$

qui donne

$$\frac{\sin B}{\sin B \cos C + \sin C \cos B} = \frac{b}{a}$$

ou

$$\frac{\tang B}{\tang B \cos C + \sin C} = \frac{b}{a},$$

d'où l'on tire

$$\tang B = \frac{\frac{b}{a} \cdot \sin C}{1 - \frac{b}{a} \cos C}.$$

L'arc correspondant à l'angle B dans un cercle de rayon égal à 1 pourra donc être développé en série par la formule (4) du numéro précédent, et nous aurons

$$(2) \qquad B = \frac{b}{a} \sin C + \frac{b^2}{2\,a} \sin 2\,C + \frac{b^3}{3\,a^2} \sin 3\,C + \ldots$$

Si $\dfrac{b}{a}$ est très-grand, cette formule fait connaître B en prenant deux termes de la série, ce qui donne

$$B = \frac{b}{a} \left( \sin C + \frac{b}{2\,a} \sin 2\,C \right).$$

Soit $B''$ la valeur de B en secondes et supposons C assez petit pour que l'on puisse remplacer le sinus de C par l'arc, on aura

$$B'' = \frac{b}{a} \left( C'' + \frac{b}{a} C'' \right)$$

ou

$$B'' = C'' b \left( 1 + \frac{b}{a} \right).$$

## SÉRIE DE LAGRANGE.

**70.** Lagrange a fait connaître dans les *Mémoires de l'Académie de Berlin* une formule qui n'est qu'une modification de la seconde des formules de Delambre. Elle a pour but de développer en série la valeur de $x$ donnée par la formule

$$\tan x = m \tan \omega.$$

De cette équation on tire

$$\frac{\tan x}{\tan \omega} = m,$$

ou

$$\frac{\tang x - \tang \omega}{\tang x + \tang \omega} = \frac{m-1}{m+1},$$

ou

$$(1) \qquad \frac{\sin(x-\omega)}{\sin(x+\omega)} = \frac{m-1}{m+1}.$$

Posons dans cette formule

$$(2) \qquad x - \omega = z,$$

d'où

$$x + \omega = z + 2\omega.$$

La formule (1) prend alors la forme

$$\frac{\sin z}{\sin(z+2\omega)} = \frac{m-1}{m+1}.$$

Si nous comparons cette formule avec la formule (1) du numéro précédent, nous voyons qu'elle n'en diffère que par le changement de B en $z$, de $\frac{b}{a}$ en $\frac{m-1}{m+1}$, et de C en $2\omega$. Pour avoir le développement de $z$, il suffira donc de changer dans la formule du numéro précédent B en $z$, $\frac{b}{a}$ en $\frac{m-1}{m+1}$ et C en $2\omega$, ce qui donne

$$z = \frac{m-1}{m+1}\sin 2\omega + \left(\frac{m-1}{m+1}\right)^2\frac{\sin 4\omega}{2} + \left(\frac{m-1}{m+1}\right)^3\frac{\sin 6\omega}{3} + \dots,$$

et par suite, en vertu de la formule (2),

$$x = \omega + \frac{m-1}{m+1}\sin 2\omega + \left(\frac{m-1}{m+1}\right)^2\frac{\sin 4\omega}{2} + \dots.$$

Si $\frac{m-1}{m+1}$ est très-petit, c'est-à-dire si $m$ est très-voisin de 1, cette formule fera connaître $x$ avec une grande approximation, sans que l'on ait besoin de prendre beaucoup de termes dans le second membre.

71. La formule de Lagrange peut servir à projeter un arc de grand cercle sur un autre. En effet, en désignant par $\omega$ l'axe que l'on projette, par $x$ sa projection et par $\theta$ l'angle des plans des deux grands cercles, on a

$$\tang x = \tang \omega \cos \theta.$$

Pour avoir $x$, il suffit donc de faire $m$ égal $\cos\theta$ dans la formule de Lagrange.

En remarquant alors que

$$\frac{\cos\theta - 1}{\cos\theta + 1} = - \tang^2 \tfrac{1}{2}\theta,$$

il vient

$$x = \omega - \tang^2 \tfrac{1}{2}\theta \sin 2\omega + \tang^3 \frac{\theta}{2} \frac{\sin 4\omega}{2} \cdots$$

Cette formule, comme on voit, donne une série très-convergente, et si $\theta$ est assez petit, on peut poser, sans grande erreur,

$$x = \omega - \frac{\theta^2}{4} \sin 2\omega,$$

ou, si l'on appelle $\theta''$ la valeur de $\theta$ en secondes, et $\omega''$ celle de $\omega$, et $x''$ celle de $x$,

$$x'' = \omega'' - \theta''^2 \cdot \frac{\sin 2\omega}{4} \sin 1''.$$

La formule de Lagrange s'appliquera également bien au cas des triangles sphériques où l'on donne deux angles et un côté, ou deux côtés et un angle, car la résolution de ces deux cas conduit à des équations de la forme

$$\tang x = m \tang \omega.$$

Nous laisserons au lecteur le soin d'effectuer ces calculs.

## THÉORÈMES A DÉMONTRER ET PROBLÈMES A RÉSOUDRE.

$1^{o}$ Si dans une série $u_0 + u_1 + u_2 + \ldots + u_n$ on a

$$\lim \frac{l. \frac{1}{u_n}}{l. n} > 1,$$

la série est convergente. Elle serait divergente dans le cas contraire.

Cette série sera également convergente si

$$\lim \frac{l. \frac{1}{n u_n}}{l. n} > 1.$$

et divergente dans le cas contraire.

(Ce théorème est dû à M. Catalan.)

$2^{o}$ Développer $l. (a_0 + a_1 x + a_2 x^2 + \ldots + a_n x^n)$ en série convergente ordonnée par rapport aux puissances croissantes de $x$, et démontrer que le développement a lieu pour toutes les valeurs de $x$ dont le module est moindre que celui de la racine de l'équation

$$(1) \qquad a_0 + a_1 x + \ldots + a_n x^n = o,$$

qui a le plus petit module. Les coefficients de la série à laquelle on doit arriver sont les sommes des puissances semblables négatives des racines de l'équation (1) respectivement divisées par 1, 2, 3,..., ce qui permet de calculer ces quantités. Si l'on effectue le développement par rapport aux puissances décroissantes de $x$, on pourra calculer de la même manière la somme des puissances semblables positives des racines de l'équation (1).

3° Développer $(a_0 + a_1 x + a_2 x^2 + \ldots + a_n x^n)^m$ en série. Condition de convergence.

4° Trouver la valeur des séries

$$\frac{\cos x}{1} + \frac{\cos 2x}{1.2} + \frac{\cos 3x}{2.3} + \frac{\cos 4x}{3.4} + \ldots,$$

$$\frac{\sin x}{1} + \frac{\sin 2x}{1.2} + \frac{\sin 3x}{2.3} + \frac{\sin 4x}{3.4} + \ldots,$$

$$1 + 2x + 3x^2 + 4x^3 + 5x^4 + \ldots,$$

$$1 + 2x\cos x + 3x\cos 2x + 4x\cos 3x + \ldots$$

5° Démontrer que si la série

$$s = a_0 x + a_1 x + a_2 x^2 + \ldots + a_n x^n + \ldots$$

est convergente, et que si l'on désigne $a_n - a_{n-1}$ par $\Delta a_{n-1}$, $\Delta a_n - \Delta a_{n-1}$ par $\Delta^2 a_{n-1}$, $\Delta^2 a_n - \Delta^2 a_{n-1}$ par $\Delta^3 a_n$,.., on a

$$s = a\frac{x}{1-x} + \Delta a\frac{x^2}{(1-x)^2} + \Delta^2 a\frac{x^3}{(1-x)^3} + \ldots$$

$$\text{(Euler.)}$$

6° Mettre l'expression $\tang x\sqrt{-1} + \cot x\sqrt{-1}$ sous la forme $A + B\sqrt{-1}$.

7° Dans la série $1 + \frac{1}{2^m} + \frac{1}{3^m} + \ldots + \frac{1}{n^m} + \ldots$, la somme des termes pairs est à la somme des termes impairs comme 1 à $m^2 - 1$.

(BERNOULLI.)

## NOTE I.

*Trouver la fonction* $\varphi(x)$ *qui jouit de la propriété exprimée par l'équation*

$$(1) \qquad \varphi(x) . \varphi(y) = \varphi(x + y).$$

Si dans cette équation on fait $y$ successivement égal à $x$, à $2x$, à $3x$, à $4x$, ..., on trouve tour à tour

$$[\varphi(x)]^2 = \varphi(2x),$$
$$[\varphi(x)]^3 = \varphi(3x),$$
$$\dots \dots \dots \dots$$
$$(2) \qquad [\varphi(x)]^n = \varphi(n x).$$

La formule (2) est démontrée pour toutes les valeurs entières et positives de $n$; nous allons la généraliser.

Soit $\dfrac{p}{q}$ un nombre fractionnaire quelconque, je dis que

$$(3) \qquad [\varphi(x)]^{\frac{p}{q}} = \varphi\left(\frac{p}{q} x\right).$$

En effet, faisons dans la formule (2) $n$ égal à $q$, et remplaçons $x$ par $\dfrac{p x}{q}$, il vient

$$(4) \qquad \left[\varphi\left(\frac{p x}{q}\right)\right]^q = \varphi(p x).$$

Or en vertu de l'équation (2)

$$\varphi(p x) = [\varphi(x)]^p.$$

et l'équation (4) devient, en extrayant la racine $q^{ième}$ des deux membres

$$\varphi\left(\frac{p}{q}\,x\right) = [\varphi(x)]^{\frac{p}{q}};$$

c'est précisément l'équation (3).

La formule (2) se trouve ainsi démontrée pour toutes les valeurs entières et fractionnaires, mais positives de $n$, et par suite aussi pour les valeurs incommensurables de $n$. Soit $-m$ un nombre négatif, je dis que l'on aura encore

$$[\varphi(x)]^{-m} = \varphi(-mx).$$

En effet, dans l'équation (1) faisons $y$ égal à $-x$, nous aurons

$$(5) \qquad \varphi(x)\varphi(-x) = \varphi(0).$$

Faisons dans la même formule (1) $x = 0$, $y = 0$, nous aurons

$$[\varphi(0)]^2 = \varphi(0),$$

d'où l'on conclut que $\varphi(0)$ est égal à $1$ [on rejette la solution $0$, parce qu'elle donnerait dans l'équation (5) une valeur constamment nulle de $\varphi(x)$]. Portons à la place de $\varphi(0)$ sa valeur dans l'équation (5), il vient

$$[\varphi(x)]^{-1} = \varphi(-x),$$

d'où, élevant les deux membres à la puissance $m$ et appliquant la formule (2) vérifiée pour le cas où $n$ est positif,

$$[\varphi(x)]^{-m} = \varphi(-mx).$$

La formule (2) se trouve ainsi démontrée d'une manière générale. Ainsi on a pour toutes les valeurs réelles de $x$

et de $n$

$$(2) \qquad [\varphi(x)]^n = \varphi(nx);$$

mais on a aussi en permutant les lettres $n$ et $x$

$$[\varphi(n)]^x = \varphi(nx).$$

On conclut de ces deux équations

$$[\varphi(x)]^n = [\varphi(n)]^x,$$

ou

$$[\varphi(x)]^{\frac{1}{x}} = \varphi(n)^{\frac{1}{n}}.$$

Ainsi l'expression $[\varphi(x)]^{\frac{1}{x}}$ est constante; si on la représente par $r(\cos\theta + \sqrt{-1}\sin\theta)$, on a

$$[\varphi(x)]^{\frac{1}{x}} = r(\cos\theta + \sqrt{-1}\sin\theta),$$

d'où

$$\varphi(x) = r^x(\cos\theta\,x + \sqrt{-1}\sin\theta\,x).$$

Ainsi il n'y a que la fonction $A^x$ qui soit solution de l'équation (2), A représentant un nombre réel ou imaginaire quelconque.

On démontrerait de même que la solution générale de l'équation

$$(6) \qquad \varphi(x) + \varphi(y) = \varphi(xy)$$

est une fonction qui satisfait à l'équation

$$n\varphi(x) = \varphi(x^n),$$

d'où l'on tire, en posant $x$ égal à $h^z$,

$$n\varphi(h^z) = \varphi(h^{nz}),$$

d'où, permutant $n$ et $z$,

$$n\,\varphi(k^z) = z\,\varphi(k^n);$$

on tire de là

$$\frac{\varphi(k^z)}{z} = a,$$

$a$ désignant une constante.

Par suite

$$\varphi(k^z) = az,$$

et remplaçant $k^z$ par $x$ et par suite $z$ par $\frac{\mathrm{l}x}{\mathrm{l}k}$,

$$\varphi(x) = \frac{a}{\mathrm{l}\,k}\,\mathrm{l}x.$$

On voit ainsi que la fonction $A\,\mathrm{l}x$ est la seule capable de satisfaire à l'équation (6).

## NOTE II.

### SUR UNE OBSERVATION D'ABEL.

La démonstration du n° 31 repose sur ce que le module de $f(x+h)$ et celui de $f(x)$ peuvent être pris chacun moindres que $\frac{\alpha}{3}$, et cela, quelque petit que soit $h$. Ce théorème tombera donc en défaut toutes les fois que $x$ passera par une valeur où cette condition ne sera pas remplie. Abel avait trouvé ce théorème en défaut prétendant que la série (4) du n° 67 représentait une fonction discontinue pour $x = \pi$. Nous répondons à cette objection en faisant observer que l'on ne peut jamais prendre $n$ assez grand pour que dans cette série $f(x+h)$, qui est représentée par $\sum\limits_{n=n}^{n=\infty} \dfrac{\sin h}{n}$ soit moindre que $\frac{\alpha}{3}$. En effet, si, après avoir fixé $n$ et l'avoir pris égal à $2\mu$ par exemple, on fait décroître $h$ jusqu'à $\dfrac{\pi}{2\mu}$, les premiers termes de $f'(x+h)$

ou $\displaystyle\sum_{n=\mu}^{n=2\mu-1} \dfrac{\sin\dfrac{n\pi}{2\mu}}{n}$ auront une somme plus grande que

$\dfrac{\sin\dfrac{\pi}{4}}{4\mu}$, terme moyen de la somme auquel on a changé son dénominateur pour le rendre égal au plus petit de tous, répété $\mu$ fois, ou que $\dfrac{1}{8}$. On ne pourra donc pas affirmer, à l'inspection de ce terme qui relativement à $\dfrac{\alpha}{3}$ a une valeur considérable, que $f'(x+h)$ pourra être pris moindre que $\dfrac{x}{3}$. Et en effet si $f'(x+h)$ pouvait être pris réellement moindre que $\dfrac{x}{3}$, quelque petit que devînt dans la suite $h$, le théorème du n° 31 ne tomberait pas en défaut, car sa démonstration donnée par Cauchy est irréprochable.

# TABLE DES MATIÈRES

PARIS. — IMPRIMERIE DE MALLET-BACHELIER,
rue de Seine-Saint-Germain, 10, près l'Institut.